Bernhard Hauser

Action Learning im Management Development

Eine vergleichende Analyse
von Action-Learning-Programmen
zur Entwicklung von Führungskräften
in drei verschiedenen Unternehmen

2. aktualisierte Auflage

Rainer Hampp Verlag München und Mering 2008

Bibliografische Information der Deutschen Nationalbibliothek

Die Deutsche Nationalbibliothek verzeichnet diese Publikation in der Deutschen Nationalbibliografie; detaillierte bibliografische Daten sind im Internet über http://dnb.d-nb.de abrufbar.

ISBN: 978-3-86618-238-7
Schriftenreihe ORGANISATION & PERSONAL: ISSN 0936-7942
DOI 10.1688/9783866182387
1. Auflage, 2006
2., aktualisierte Auflage, 2008

Rainer Hampp Verlag München und Mering
Marktplatz 5 D – 86415 Mering

www.Hampp-Verlag.de

∞ *Dieses Buch ist auf säurefreiem und chlorfrei gebleichtem Papier gedruckt.*

Liebe Leserinnen und Leser!
Wir wollen Ihnen ein gutes Buch liefern. Wenn Sie aus irgendwelchen Gründen nicht zufrieden sind, wenden Sie sich bitte an uns.

Vorwort

Die Abfassung dieser Arbeit über Action Learning war auch für mich selbst mit einer Vielzahl intensiver und sehr aktiver Lernerfahrungen verbunden, sowohl beruflich als auch persönlich. Dafür und für die vielfältige Unterstützung, die mir unterwegs zuteil wurde bin ich dankbar.

Die vielen Managerinnen und Manager mit denen ich im Laufe der Jahre in zahlreichen Workshops, Trainings und Coachings zusammenarbeiten durfte, haben mit ihren Fragen und ihrem Verhalten meinen Blick geschärft für die Sachzwänge, in denen Führungskräfte stehen und die manchmal widersprüchlichen Anforderungen und Bedürfnisse, die sich daraus ergeben. Die Auseinandersetzung mit diesen Erfahrungen hat mein Verständnis von Action Learning ganz wesentlich beeinflusst.

Die für Personalentwicklung und Weiterbildung Verantwortlichen in den verschiedenen Unternehmen haben mir Vertrauen entgegengebracht, wenn sie mich als Berater, Moderator oder Trainer für anspruchsvolle Aufgaben eingesetzt haben. Diese Zusammenarbeit mit internen Kolleginnen und Kollegen hat oft sehr geholfen, eine Passgenauigkeit für die spezifische Situation im Unternehmen oder für die jeweilige Gruppe zu erreichen. Viel Hilfreiches beigetragen haben auch die Trainer- und Beraterkollegen, mit denen in ganz unterschiedlichen Projekten ein lebendiger und professioneller Austausch stattfand.

Mein besonderer Dank gilt Professor Lutz von Rosenstiel, der über lange Jahre meine Professionalisierung und die Entstehung der Arbeit quasi im Zeitraffer mitverfolgt hat. Ihm verdanke ich nicht nur eine Vielzahl von Anregungen, sondern auch die Ermutigung, die Arbeit wirklich abzuschließen. Professor Rudolf Tippelt hat als

Zweitgutachter wichtige Hinweise gegeben, ebenso wie Professor Erika Regnet mit ihren nützlichen Kommentaren.

Meine Praktikanten, besonders cand. psych. Robert Hannig und Dipl.-Theol. cand. psych. Monika Kögler haben die Arbeit durchgesehen und für anregende Diskussionen gesorgt. Frau Kögler hat nach ihrem Praktikum mit enormem Einsatz und fachpsychologisch versiert die satztechnische Fertigstellung der Arbeit übernommen.

Professor Neuberger hat diese Arbeit durchgesehen und in seine wissenschaftliche Reihe im Hampp-Verlag aufgenommen. Die exzellente Betreuung und Unterstützung durch Dr. Hampp waren für die drucktechnische Vorbereitung von großem Nutzen.

Bleibt mir noch ein besonderes Anliegen, nämlich meiner Frau und unseren beiden Jungs zu danken, die mir immer wieder lebendige und kreative Beispiele für die Verbindung von „Action" und „Learning" verschaffen.

Bernhard Hauser

München, Juni 2006

Die vorliegende Studie ist ursprünglich als Pflichtveröffentlichung meiner Promotion am Institut für Organisationspsychologie der Ludwigs-Maximilians-Universität München unter der Betreuung von Herrn Professor Dr. Lutz von Rosenstiel entstanden. Für die nun vorliegende 2. Auflage wurden Text und Layout durchgesehen und überarbeitet, wobei im Vordergrund Lesefreundlichkeit und Aktualisierung standen. Die zahlreichen englischen Zitate wurden ins Deutsche übertragen. Da die Action-Learning-Literatur nach wie vor fast ausschließlich in englischer Sprache vorliegt und es kaum deutsche Primärliteratur oder offizielle Übersetzungen gibt, wurde die Übertragung vom Verfasser selbst vorgenommen, der für die

Angemessenheit folglich auch die Verantwortung trägt. Gleichzeitig wurde die Literatur um zwischenzeitlich erschienene Beiträge ergänzt. Die Darstellung der drei Praxisfälle hingegen wurde nicht verändert, da es sich dabei um Momentaufnahmen in einer bestimmten Situation handelt. In einer dynamischen Umwelt entwickeln sich Unternehmen aber rasch weiter, was sich natürlich auch auf Programme zur Personalentwicklung auswirkt. In einem Ausblick wird daher zum Abschluss der Studie skizziert, welche Chancen, Anwendungs- und Entwicklungsfelder sich für Action Learning im deutschen Sprachraum bieten. Die viel versprechenden Stichworte dazu heißen „Community Building" und „vernetzte Lernlandschaften".

Bedanken möchte ich mich bei meinen Kunden für die intensive Zusammenarbeit und die zahlreichen Möglichkeiten mit Action Learning zu arbeiten, bei M.A. Edith Preuß und Dipl.-Psych. Wolfgang Rußland, für die Kooperation in zahlreichen Projekten und bei meinen Kollegen und Studenten an der Fachhochschule für angewandtes Management, in deren semi-virtuellem Lernkonzept Virtual Action Learning mit Praxisprojekten einen festen Platz einnimmt. Schließlich gilt mein Dank für Layout und Druckvorbereitung Dipl.-Theol. Dipl.-Psych. Monika Kögler, die auch mit englisch unterstützt hat, cand. psych. Marianne Thoma mit ihrem Gespür für die Lesbarkeit der Texte und Helga Lanz, die umsichtig unser Back Office organisiert und auf professionelle Gestaltung achtet. Sie schafft damit den Raum, anspruchsvolle Programme durchzuführen und zu veröffentlichen. Ein ganz besonderer Dank gilt schließlich Herrn Professor Dr. Oswald Neuberger als Herausgeber der Schriftenreihe „Organisation und Personal" und Rainer Hampp für die hervorragende verlegerische Unterstützung, ohne die so ein Buch nicht möglich wäre.

Bernhard Hauser

München, April 2008

Für Margarete, Tobias und Oliver

Inhalt

Abstract (in English)		12
1.	**Das Programm der Untersuchung**	**15**
1.1.	Die zwei Zielrichtungen von Action Learning	15
	1.1.1. Unmittelbarer Nutzen für die Organisation oder das Geschäft	15
	1.1.2. Entwicklung von Führungskräften	16
1.2.	Die Hypothese und ihre Überprüfung	19
1.3.	Der methodische Bezugsrahmen	21
	1.3.1. Zur Position des Forschers	23
	1.3.2. Die zur Verfügung stehenden Daten	27
2.	**Der Begriff Action Learning**	**30**
2.1.	Action Learning im Rahmen handlungsorientierter Ansätze	37
2.2.	Zur Definition des Begriffs Action Learning	40
2.3.	Bestandteile von Action-Learning-Programmen	47
2.4.	Action-Learning-Schulen – der Aspekt des Lernens im Action Learning	60
	2.4.1. Tacit School	61
	2.4.2. Scientific School	62
	2.4.3. Experiential School	66
	2.4.4. Critical Reflection School	71
2.5.	Projektmanagement im Action Learning	74
	2.5.1. Klassisches Projektmanagement	75
	2.5.2. Prozessorientiertes Projektmanagement	76
	2.5.3. Schaffers Breakthrough Strategy	79
2.6.	Kriterien zur Analyse von Action-Learning-Programmen	85
	2.6.1. Generelle Merkmale von Action Learning	86
	2.6.2. Der Prozess der Problemlösung	86

2.6.3. Formen des Sets 86
2.6.4. Projektmanagement 86
2.6.5. Strukturelle Merkmale des Ablaufs 87
2.6.6. Rollen im Action-Learning-Programm 87
2.6.7. Lernen und Reflexion 88

3. Die betrachteten Unternehmen 90

3.1. Unternehmen A 91

3.2. Unternehmen B 93

3.3. Unternehmen C 95

4. Die drei Action-Learning-Programme 99

4.1. Action-Learning-Programm A 99

4.1.1. Die Entstehungsgeschichte von Programm A 100
4.1.2. Analyse von Programm A anhand der Action-Learning-Kriterien 107
4.1.3. Einschätzung von Programm A 128

4.2. Action-Learning-Programm B 132

4.2.1. Managementqualifizierung in Unternehmen B 133
4.2.2. Die Entstehungsgeschichte von Programm B 149
4.2.3. Analyse von Programm B anhand der Action-Learning-Kriterien 157
4.2.4. Einschätzung von Programm B 184

4.3. Action-Learning-Programm C 189

4.3.1. Die Entstehungsgeschichte von Programm C 190
4.3.2. Analyse von Programm C anhand der Action-Learning-Kriterien 197
4.3.3. Lernen und Reflexion 216
4.3.4. Einschätzung von Programm C 230

4.4. Die Analysen der drei Action-Learning-Programme im Überblick 234

5. Diskussion der Ergebnisse **244**

5.1. Der Nutzen der drei Action-Learning-Programme im Vergleich 245

5.2. Der Zusammenhang von Nutzen und Programmdesign 247

5.3. Folgerungen für die Gestaltung von Action-Learning-Programmen im Management Development 255

6. Action Learning und vernetzte Lernlandschaften in Phasen tiefgreifender Veränderungen **258**

6.1. Virtuelle Action-Learning-Sets 258

6.2. Communities als vernetzte Lernlandschaften 259

7. Literatur **262**

Abbildungen

Abb. 2.1:	Theoretische Wurzeln des Action-Learning-Konzepts (nach Marquardt, 1999, S. 21)	36
Abb. 2.2:	Die Action-Learning-Wippe (nach Marquardt, 1999, S.7; Adaptation von Weinstein, 1995, S. 65 f.)	45
Abb. 2.3:	Projekte und Teilnehmer im Projekt-Set (nach Garratt, 1983, S.35)	49
Abb. 2.4:	Die Aufgabe/Organisations-Matrix (nach Garrat, 1983, S. 36)	50
Abb. 2.5:	Programmalternativen (nach Lawlor, 1983, S.192)	51
Abb. 2.6:	Kernelemente des Action Learning (nach Marquardt, 1999, S.6)	54
Abb. 2.7:	Key Steps in Rothwells Action-Learning-Modell (nach Rothwell, 1999, S.12 ff.)	57
Abb. 2.8:	Kolbs Lernzyklus (zitiert nach Inglis, 1994, S.15)	67
Abb. 2.9:	Komponenten des Projektmanagements (Hörbst, o.J.)	76
Abb. 2.10:	Prinzipien des Change Managements (nach Doppler & Lauterburg, 1994, S. 129 ff.)	76
Abb. 2.11:	Prozessorientiertes Projektmanagement (nach Doppler & Lauterburg, 1994, S. 187 ff.)	77
Abb. 2.12:	Checkliste Projektarbeit - Für den Projektverlauf entscheidende Faktoren (nach Doppler & Lauterburg, 1994, S. 189)	78
Abb. 2.13:	Die Energiefaktoren (nach Schaffer, 1988, S.55)	80
Abb. 2.14:	Barrieren gegen Leistungsverbesserung (nach Schaffer, 1988, S.16)	81
Abb. 2.15:	Ergebnisorientiertes Projektmanagement	83
Abb. 2.16:	Breakthrough-Kriterien (nach Schaffer, 1988, S. 64)	84
Abb. 3.1:	Auswirkungen des Wandels auf die Personalentwicklung von Unternehmen C	97
Abb. 4.1:	Führungskräfteschulung in Unternehmen B (nach einer internen Broschüre des Unternehmens aus der Frühzeit der Führungskräfteschulung)	134
Abb. 4.2:	Führungsverhaltens-Training (FVT) Block 1 (Beispiel)	141
Abb. 4.3:	Organigramm eines Führungsverhaltensplanspiels im FVT	142
Abb. 4.4:	Organigramm Führungsplanspiel Alternativdesign (Hauser, 1993)	142
Abb. 4.5:	Führungsverhaltens-Training (FVT) Block 2 (Beispiel)	143
Abb. 4.6:	Reflecting Team	144
Abb. 4.7:	Netzwerkanalyse	147
Abb. 4.8:	Programm B – Grundstruktur anhand des Projektablaufs	168
Abb. 4.9:	Key Learnings – Beispiel	181
Abb. 4.10:	Konzept für Programm C – Überblick	191
Abb. 4.11:	Programm C – thematische Schwerpunkte	191
Abb. 4.12:	Lern- und Entwicklungsebenen für Führungskräfte (nach Dilts, 1993)	195
Abb. 4.13:	Lernebenen in Programm C	196
Abb. 4.14:	Lernebenen in Block Führen und Verhalten (Beispiel)	196
Abb. 4.15:	Programm C Pilotdurchführung – Abfolge der Seminarblocks	209
Abb. 4.16:	Programm C – Action Learning und Reflexionstage	210
Abb. 4.17:	Programm C – Gesamtstruktur	212

Tabellen

Tab. 2.1: Optionen für Teilnehmerzusammenstellung und Projektauswahl (Lawlor, 1983, S. 193) 53

Tab. 2.2: Vergleich der verschiedenen Action-Learning-Schulen (Ausschnitt aus Marsick & O'Neil, 1999, S. 171) 63

Tab. 3.1: Die drei Unternehmen im Überblick 90

Tab. 4.1: Nutzeneinschätzung Programm A 128

Tab. 4.2: Management Learning (nach Bellmann, 2000, S. 145) 155

Tab. 4.3: Nutzeneinschätzung Programm B 185

Tab. 4.4: Nutzeneinschätzung Programm C 231

Tab. 4.5: Analyse der Programme anhand der Action-Learning-Kriterien 235

Tab. 5.1: Die Nutzenprofile der drei Programme im Vergleich 246

Tab. 5.2: Fachlich-methodische Kompetenzen 250

Tab. 5.3: Aktivitäts- und umsetzungsorientierte Kompetenzen 251

Tab. 5.4: Sozial-kommunikative Kompetenzen 251

Tab. 5.5: Personale Kompetenzen 253

Tab. 5.6: Unternehmens- und Geschäftskompetenz 254

Tab. 5.7: Unmittelbarer Nutzen für das Unternehmen 255

Abstract (in English)

The present study deals with the topic of action learning in management development programs. Action learning is characterized by the fact that participants experience their environment *simultaneously* as a learning and action field. Thus, executives use their company *simultaneously* for personal growth and improving operations (Revans, 1998; Inglis, 1994; Weinstein, 1995; Marquardt, 1999).

Dotlich & Noel (1998, p.14) stress that "action learning is magical, at least in the sense that it kills two birds with one stone. The process helps organizations respond to major business problems and opportunities, and at the same time develops key people so that they have the capacity to lead organizations in the desired strategic direction."

The company's direct benefit consists of a business opportunity or process improvement and can, in principle, be financially quantified. However, to describe developing leadership quality as a main concern of management development programs, this study introduces the term "competency". Erpenbeck & v. Rosenstiel (2003) define competencies as "dispositions of self-organized action" (p. XI).

Approach: This study examines the hypothesis that achievement of both objectives – development of leadership competency and an immediate benefit for business – directly depends on the design and execution of action learning programs.

Several steps are used to test this hypothesis: First, the current status of action learning theory formation is presented (Chap. 2). Reference is made to the origins of action learning as well as to various characteristics and approaches. This is the base for developing a terminology consisting of a set of criteria that can then be used to analyze and compare practical examples.

As a next step (Chap. 3), three management development programs (A, B, and C) are introduced that have each used action learning in different ways. Three different companies created these programs one after the other. The companies belong to different industries (logistics, electronics, and utilities), in which they are key players. The author was involved in each of the three programs. Hence, each subsequent program was an effort to use the experience gathered during earlier programs to increase the degree of maturity and effectiveness of action learning.

Each of the three programs is analyzed and made comparable using the criteria developed earlier (Chap. 4). Then the benefits are estimated that each action learning program was capable of delivering during each respective period under study.

To determine the immediate action learning benefit for a company, the study checks whether an action learning team's results have passed the test of practice and are being used. Executive development (a management development program's central concern), however, is measured using a set of competencies that are relevant for executives. These competencies have been classified using von Erpenbeck's & v. Rosenstiel's (2003) key competencies (classes of competencies).

In a last step, benefit profiles are reconciled with the action learning programs' designs (Chap. 5) to validate the hypothesis that an action learning program's design has a significant impact on the benefit the program yields.

Discussion of Results: All of the action learning programs studied were successful; however, benefit profiles varied widely. The programs significantly differed in which school of action learning they followed (Marsick & O'Neal, 1999). Action learning according to the Critical Reflection School appears to be particularly effective in developing leadership competency.

Critical Reflection is clearly more effective if combined with appropriate measures such as reflection-oriented behavioral training and accompanying coaching. However, the implementation aspect (activity- and implementation-oriented competencies) is supported through the use of project management methods. So far, this aspect has been highlighted only very slightly in the action learning literature. Process-oriented project management (Doppler & Lauterburg, 1994) helps support situational management and cope with resistance during action learning.

A further approach is project management's breakthrough strategy (Schaffer, 1997) as a consistent way of conducting results-oriented learning by doing. This procedure is especially suitable to assure that the company by using Action Learning gains a direct benefit through the projects – in addition to the development of leadership competency.

All of the management development programs analyzed were conducted as action learning in addition to their participants' daily responsibilities. Teams that were well mixed according to all of the established criteria (e.g., location, function, training, etc.) jointly worked on a task. The results of this publication suggest that in such settings, it is particularly action learning according to the Critical Reflection School that will strongly enhance personality development and the development of leadership competency.

1. Das Programm der Untersuchung

Die vorliegende Untersuchung beschäftigt sich mit dem Thema Action Learning in Management-Development-Programmen. Action Learning ist ein praxisorientiertes Vorgehen, welches sich dadurch auszeichnet, dass Schlüsselpersonen ihre eigene Umgebung, also etwa die Organisation, gleichzeitig als Aktions- und Lernfeld nutzen. Führungskräfte beispielsweise nutzen damit das eigene Unternehmen mit seinen spezifischen Werten, Normen und Praktiken gleichzeitig für ihre persönliche Weiterentwicklung und die Verbesserung des Geschäftsbetriebs (Revans, 1998; Inglis, 1994; Weinstein, 1995; Marquardt, 1999).

Dies wird als „magischer Steinwurf" des Action Learning (Dotlich & Noel, (1998, S.14) bezeichnet, der sozusagen zwei Fliegen mit einer Klappe schlägt: Einerseits hilft Action Learning Organisationen dabei, großen geschäftlichen Problemen und Chancen mit einem Prozess zu begegnen, während es andererseits Schlüsselpersonen gleichzeitig so entwickelt, dass sie in der Lage sind, ihre Organisation in die gewünschte Richtung zu führen.

1.1. Die zwei Zielrichtungen von Action Learning

Action Learning in einem Management-Development-Programm hat somit zwei Zielrichtungen:

1.1.1. Unmittelbarer Nutzen für die Organisation oder das Geschäft

Mit Action Learning werden akute Fragestellungen oder Probleme von einem Team bearbeitet und gelöst. Dieser Aspekt betrifft Analyse und Umsetzung. Es kann sich dabei um Prozesse, Strukturen oder Geschäftsideen handeln. Das Team kann Bestehendes verbessern oder auch neue Wege gehen. Der Nutzen für das Unternehmen ist prinzipiell monetär bezifferbar.

Pragmatisch gesehen ist dieser Aspekt bedeutsam für das Marketing von Action Learning, da die relativ aufwändigen und damit kostenintensiven Programme zumindest einen Teil der Kosten dem Unternehmen in Form von Ergebnis wieder zurückbezahlen.

Der wichtigste Aspekt ist der des Lernens: Mittels Action Learning lernen die Teilnehmer, schnelle Erfolge herbeizuführen. Erfolg wiederum begünstigt Lernen und macht erlebbar, dass die verwendeten Vorgehensweisen keine „Schön-Wetter-Methoden“ sind, sondern den Praxistest bestehen.

1.1.2. Entwicklung von Führungskräften

Durch die Bearbeitung der Action-Learning-Aufgabe entwickeln sich die Beteiligten als Führungskräfte weiter. Zur Beschreibung der Entwicklung von Führungsqualität wird hier der Begriff der Kompetenz eingeführt, den Erpenbeck & v. Rosenstiel (2003) als „Dispositionen selbstorganisierten Handelns“ (S. XI) definieren.

Zu den Kompetenzen, die durch Action Learning erworben oder verstärkt werden können, gehören:

- Lösungskompetenz
- Umsetzungskompetenz
- Sozialkompetenz
- Teamkompetenz
- Netzwerkkompetenz
- Innovationskompetenz
- Reflexionskompetenz
- Unternehmens- und Geschäftskompetenz

Die genannten Kompetenzen werden folgendermaßen verstanden:

Lösungskompetenz

Die Teilnehmer sind in der Lage, komplexe Fragestellungen im Unternehmen zu analysieren, in ihrem Gesamtzusammenhang zu verstehen und Lösungsansätze zu entwickeln.

Umsetzungskompetenz

Die Teilnehmer setzen Lösungsansätze rasch und konsequent um. Die Erfahrungen im Umsetzungsprozess werden zur Verbesserung und Weiterentwicklung des Lösungsansatzes genutzt.

Sozialkompetenz

Die Teilnehmer haben ein adäquates Auftreten und Kommunikationsverhalten gegenüber Partnern unterschiedlicher Hierarchiestufen und unterschiedlicher Positionen in der Prozesskette. Dies betrifft sowohl das Vertreten und Durchsetzen eigener Bedürfnisse als auch die Berücksichtigung der Bedürfnisse anderer.

Teamkompetenz

Die Teilnehmer tragen aktiv dazu bei, das Team zum Erfolg zu führen, es als Medium für offenen Diskurs zu nutzen, die Integration des Teams zu fördern und den Spannungsbogen von Kooperation und Konkurrenz konstruktiv zu gestalten. Dazu gehören beispielsweise folgende Fragen: Wird die Teameffektivität thematisiert und gezielt verbessert? Finden Feedbackprozesse statt und wie wird mit Krisen umgegangen? Wie wird mit den Bedürfnissen der einzelnen Teilnehmer umgegangen und was lernen die Teilnehmer über effektive Teams?

Netzwerkkompetenz

Die Teilnehmer sind in der Lage, beruflich oder persönlich wichtige Netzwerke aufzubauen bzw. sich in solche Netzwerke einzufügen, sie zu pflegen und weiter auszubauen.

Innovationskompetenz

Die Teilnehmer sind in der Lage, eingefahrene und scheinbar bewährte Pfade zu verlassen, das Risiko des Unbekannten zu ertragen und Neues zu erproben. Es geht also darum, eine kritische Auseinandersetzung mit vorhandenen Denkgewohnheiten und Problemdefinitionen zu leisten und damit zu fruchtbaren Ergebnissen zu kommen. Damit ist auch ein kreativer Aspekt angesprochen.

Reflexionskompetenz

Die Teilnehmer reflektieren in sozialen Situationen eigene Anteile, sie setzen sich mit eigenen Werten, Einstellungen und Verhaltensweisen auseinander und suchen Feedback. Sie reflektieren ihre Umgebung und die Normen und Werte der Organisation. Sie setzen sich offen mit ihren Partnern auseinander, reflektieren gemeinsam und nutzen unterschiedliche Einschätzungen zur Weiterentwicklung.

Unternehmens- und Geschäftskompetenz

Die Teilnehmer kennen und verstehen das eigene Unternehmen und/oder das Geschäft aus verschiedenen Perspektiven. Sie sind in der Lage, erfolgreich in den Wirkzusammenhang einzugreifen, Fußangeln zu vermeiden und Unterstützung zu gewinnen.

Diese Kompetenzen können weiter systematisiert werden. Erpenbeck & v. Rosenstiel (2003, S. XVI f.) unterscheiden dazu grundlegende Kompetenzklassen:

- (P) Personale Kompetenzen haben mit reflexiv-selbstorganisiertem Handeln, Selbsteinschätzung, Einstellungen, Werten zu tun
- (A) Aktivitäts- und umsetzungsorientierte Kompetenzen haben mit der Umsetzung von Absichten und Plänen zu tun
- (F) Fachlich-methodische Kompetenzen haben mit Fähigkeiten und Fertigkeiten zu tun, Probleme kreativ zu lösen
- (S) Sozial-kommunikative Kompetenzen

Diesen Kompetenzklassen lassen sich die oben beschriebenen Kompetenzen nunmehr folgendermaßen zuordnen:

- Lösungskompetenz (F)
- Umsetzungskompetenz (A)
- Sozialkompetenz (S)
- Teamkompetenz (S)
- Netzwerkkompetenz (S)
- Innovationskompetenz (F)
- Reflexionskompetenz (P)
- Unternehmens- und Geschäftskompetenz

Die hier gewählten Kompetenzen zur Entwicklung von Führungskräften decken demnach alle Kompetenzklassen ab. Die letzte – Unternehmens- und Geschäftskompetenz – wurde nicht einer einzelnen Klasse zugeordnet, da sie als eine Art Querschnittsfunktion wiederum Anteile aller Klassen enthalten kann.

1.2. Die Hypothese und ihre Überprüfung

Dieser Arbeit liegt die Annahme zugrunde, dass Action Learning grundsätzlich in der Lage ist, beide Zielrichtungen zu erfüllen, d.h. sowohl einen direkten Nutzen für das Unternehmen zu generieren, als auch die Entwicklung von Führungskräften in den aufgeführten Kompetenzbereichen zu unterstützen.

Die Hypothese, die in dieser Arbeit untersucht wird, ist, dass es somit von der Anlage des Action-Learning-Programms selbst abhängt, inwieweit die beiden Zielrichtungen realisiert werden:

Hypothese
Design und Durchführung eines Action-Learning-Programms haben wesentlichen Einfluss darauf, ob und in welchem Umfang ein direkter Nutzen für das Unternehmen entsteht und ob und inwieweit die Entwicklung von Führungskräften in den oben aufgeführten Kompetenzbereichen unterstützt wird.

Zur Untersuchung dieser Hypothese wird in mehreren Schritten vorgegangen:
In einem ersten Schritt wird der Stand der Theoriebildung zu Action Learning referiert, um dadurch das begriffliche Repertoire zu definieren, mit dem anschließend Beispiele aus der Praxis analysiert werden. Dabei wird auf Entstehung, Ausprägungen und Vorgehensweisen (Methoden) im Action Learning Bezug genommen und sein begriffliches Umfeld dargestellt. Ergebnis der Theorieauswertung ist eine Liste von Kriterien, anhand derer die verschiedenen Praxisbeispiele analysiert und verglichen werden können.

In einem nächsten Schritt werden drei Management-Development-Programme (A, B und C) vorgestellt, in denen auf unterschiedliche Art und Weise mit Action Learning gearbeitet wird. Diese Programme wurden von drei verschiedenen Unternehmen zeitlich nacheinander ins Leben gerufen. Der Autor war an allen drei Programmen in unterschiedlichen Rollen beteiligt. Jedes spätere Programm stellt daher auch den Versuch dar, die Erfahrung aus zeitlich früheren Programmen zu nutzen, um den Reifegrad und die Wirksamkeit von Action Learning zu erhöhen.

Alle drei Programme werden anhand der zuvor erarbeiteten Kriterien analysiert und vergleichbar gemacht.

In einem weiteren Schritt wird eine Einschätzung des Nutzens vorgenommen, den jedes Action-Learning-Programm aufgrund seines Designs und der Durchführung im jeweiligen Betrachtungszeitraum zu erbringen in der Lage ist. Als Maßstab des Nutzens werden die oben aufgeführten Kompetenzen für Führungskräfte herangezogen sowie der unmittelbare Nutzen, den die Action-Learning-Ergebnisse für das Unternehmen erzeugen. Die Einschätzung des Nutzens wurde vom Autor vorgenommen unter Berücksichtigung der zahlreichen nicht systematisierten Rückmeldungen von Teilnehmern, Auftraggebern und Beratern. Die Einschätzung hat daher ihrerseits hypothetischen Charakter, der weiterer empirischer Absicherung bedarf.

Um Belege für die Hypothese zu finden, dass sich das Programmdesign auf den Nutzen auswirkt, wird schließlich untersucht, ob unterschiedliche Nutzenprofile mit unterschiedlichen Programmdesigns einhergehen. Falls es solche Unterschiede gibt, werden diese als Beleg für die Hypothese interpretiert. Gleichzeitig können daraus dann Empfehlungen für das Design zukünftiger Action-Learning-Programme abgeleitet werden.

1.3. Der methodische Bezugsrahmen

Bei der vorliegenden Untersuchung handelt es sich systematisch gesehen um anwendungsorientierte Forschung, d.h. es geht um Phänomene des Beschreibens, Erklärens und Prognostizierens, um Interventionshinweise geben zu können (v. Rosenstiel, 2003). Dazu werden Wenn-Dann-Beziehungen formuliert, die dann als Hypothesen mit den zur Verfügung stehenden Daten überprüft werden.

V. Rosenstiel (2003) definiert die Organisationspsychologie als „die Wissenschaft vom Erleben und Verhalten in Organisationen“ und betont, dass die Forschung „meist als Feldforschung in Industriebetrieben durchgeführt“ (S. 97) wird. Dieser Definition entsprechend versteht sich die hier vorliegende Untersuchung zum

Thema *Action Learning im Management Development* als organisationspsychologische Untersuchung, die als Feldforschung in drei verschiedenen Unternehmen angelegt ist.

In seiner Darstellung der organisationspsychologischen Forschungsmethodik gibt von Rosenstiel (2003, S.99) folgenden Hinweis:

„Viele organisationspsychologisch relevante Phänomene ergeben sich aus dem Wechselspiel der Person mit der Organisation, sind daher meist als komplexe Konstrukte zu interpretieren, von daher nur mit großem Aufwand zu beschreiben oder gar in operationalen Messungen zu fassen."

Sicherlich handelt es sich auch bei Action Learning um ein komplexes Konstrukt, das schwer zu beschreiben und hinsichtlich seines Erfolgs auch nicht ohne weiteres messbar ist. Der Erfolg von Action Learning als einer Methode des Management Development muss sich letztlich daran messen lassen, ob es geholfen hat Führung zu verbessern, bzw. die Entwicklung von Führungskräften zu verbessern.

Auch die Explikation dieser Begriffe stößt auf Schwierigkeiten (Kirsch, 1997b, S. 181 ff.). So wird in den Begriffen „Management Development" bzw. „Personalentwicklung" der Begriffsteil „Entwicklung" in der Praxis mindestens in zweierlei Sinn verwendet.

„Entwicklung" bedeutet im Verständnis vieler Personalentwickler die Platzierung (inklusive einer dazugehörenden Qualifizierung, aber auch z.B. Akzeptanzschaffung bei der Leitung, Vorbereitung, Einarbeitung etc.) von Personen in Positionen, die in der Regel höher angesiedelt sind als die Ausgangsposition. Der in diesem Zusammenhang manchmal verwendete Jargon von Personalentwicklern „wir haben jemand in Position X entwickelt" illustriert dies.

Eine ganz andere Bedeutung von Entwicklung wird hingegen mit dem Begriff „Persönlichkeitsentwicklung" angesprochen, der über bestimmten Führungsseminaren steht. Auch mit dieser Bedeutung von

„Entwicklung“ identifizieren sich viele Personalentwickler und Unternehmen, wenn zum Beispiel „reife Führungspersönlichkeiten“ (ein weiteres komplexes Konstrukt) gesucht werden. So war die Forderung nach einem Programm zur Entwicklung der Persönlichkeit der Teilnehmer ein wesentlicher Beweggrund für die Schaffung des Action-Learning-Programms in Unternehmen C, während dies in Unternehmen B keine explizite Rolle spielte.

Bei Action Learning handelt es sich also um ein komplexes Konstrukt mit vielfachen Wechselwirkungen, dessen Auswirkungen und Erfolg schwer eindeutig operationalisierbar und messbar sind. Dies wird noch erschwert, wenn die Erfolgsmessung weitere komplexe Konstrukte impliziert.

Zur weiteren Klärung sollen nunmehr folgende Punkte betrachtet werden. Zunächst die Position des Forschers in Bezug auf die untersuchten Programme und Unternehmen. Sodann die zur Verfügung stehenden Daten und schließlich die verwendeten Methoden (v. Rosenstiel, 2003).

1.3.1. Zur Position des Forschers

Die in dieser Arbeit referierten Action-Learning-Programme entstanden aus dem konkreten Bedürfnis in den einzelnen Unternehmen, qualifizierte Weiterbildung für Führungskräfte bzw. Führungsnachwuchs anzubieten. Im Vordergrund standen bei den Auftraggebern dabei das unmittelbare Verwertungsinteresse sowie die Akzeptanz der Teilnehmer, deren Führungskräfte und der jeweiligen Unternehmensleitung.

Bei der Gestaltung und Durchführung der Programme spielten Belange der wissenschaftlichen Auswertung auf Seiten der Auftraggeber keine Rolle und es wurde kein Interesse an Begleitforschung geäußert. Mittelbar allerdings und eher implizit spielte Forschung insofern eine Rolle, als erwartet wurde, Methoden zu verwenden, die „dem Stand der Kunst“ für anspruchsvolle

Managementprogramme entsprechen. Der Verweis auf Forschungsergebnisse wurde in allen Fällen von den Auftraggebern gerne zur Kenntnis genommen und führte beispielsweise im Fall der Programme A und B auch dazu, dass ein aufwändiges Redesign des Programms durchsetzbar wurde.

Der Verfasser war an der Konzeption und Durchführung aller drei Programme wesentlich beteiligt, wenn auch in unterschiedlicher Form. Aus Sicht der Auftraggeber war seine Rolle jedoch nicht diejenige des Forschers, sondern diejenige des Beraters und Experten, der als Garant eine hochwertige Ausgestaltung und befriedigende Durchführung sicherstellen sollte. Im Einzelnen war seine Rolle in den einzelnen Programmen folgende:

In Programm A stieß der Verfasser zu einem Zeitpunkt dazu, als das Programm bereits seit einigen Jahren lief und auch in Ansätzen eine Projektarbeit umfasste, die allerdings eher den Charakter einer Übung ohne Umsetzungsanspruch hatte. In dieser Zeit wurde das Programm weiterentwickelt, um insbesondere Gesichtspunkte von Action Learning stärker zu berücksichtigen. Die Rolle des Verfassers bestand neben der Durchführung des Programms darin, konzeptionelle Beiträge zur Weiterentwicklung des Programms zu leisten.

Demgegenüber wurde der Verfasser bei Programm B bereits in einer wesentlich früheren Phase hinzugezogen, nämlich zu einem Zeitpunkt als der Rahmen des Programms, der auch Action Learning ausdrücklich umfasste, verabschiedet war und die Realisierung anstand. Der Verfasser wurde in der Designphase als Experte hinzugezogen, führte das Pilotprogramm und weitere Programme als Moderator durch und war auch an der Weiterentwicklung des Programms mitbeteiligt.

Auch bei Programm C wurde der Verfasser bereits sehr früh hinzugezogen und erhielt die komplette Verantwortung für Design und Realisierung eines vom Auftraggeber vorgegebenen konzeptionellen Rahmens. Im Verlauf der Designphase wurde, vom

Verfasser als Experten angeregt, die Entscheidung getroffen, Action Learning als ein wesentliches Element in den Programmen zu nutzen.

Die skizzierte intensive Beteiligung des Verfassers an den zu erforschenden Objekten wirft eine Reihe von Fragen auf hinsichtlich Neutralität bzw. Distanz zum Forschungsgegenstand (zur Subjekt-Objekt-Problematik der Aktionsforschung siehe Moser, 1975, S. 136 ff. und 1977, S. 53 ff.) und möglichen Interessenkonflikten zwischen Auftraggebern und Auftragnehmer einerseits und im Auftragnehmer selbst andererseits.

Interessen des Auftraggebers sind beispielsweise zuverlässige, zeitgerechte und kostengünstige Umsetzung, hohe Akzeptanz bei Teilnehmern und Entscheidern, hohe Qualität, Passung zur Kultur des Unternehmens, Geringhalten von Irritationen und Störungen im Unternehmen, Transparenz des Vorgehens und Eingebundensein, Nutzung der Expertise des Beraters, Wahrung der Vertraulichkeit etc.

Interessen des Auftragnehmers sind beispielsweise: zuverlässige und zeitgerechte Umsetzung, Akzeptanz beim Auftraggeber und im Feld, langfristige Kundenbindung, hohe Qualität, Weiterentwicklung des eigenen Know-hows und Professionalisierung etc.

Interessenkonflikte zwischen Auftraggeber und Auftragnehmer können zum Beispiel entstehen, wenn der Auftragnehmer zur Einschätzung kommt, dass ein Programm dieser Komplexität und mit diesem Anspruch an Qualität mit zwei Beratern durchgeführt werden sollte, während der Auftraggeber den Wunsch hat, aus wohlverstandenen Kosteninteressen nur einen Berater einzusetzen. Es birgt aber durchaus auch Konfliktpotenzial, wenn der Auftragnehmer zur Weiterentwicklung seines Know-hows an Begleitforschung denkt, während der Auftraggeber ein Interesse daran hat, die Arbeit in seinem Unternehmen auf das zur Durchführung des Auftrags Notwendige zu begrenzen. Wenn der Auftraggeber gleichzeitig ein Interesse an hoher Qualität und Expertise des Beraters hat, kann dies dem Forschungsinteresse des Auftragnehmers wiederum entgegenkommen.

Dazu kommen die Interessenkonflikte, denen der Auftragnehmer sozusagen in sich selbst ausgesetzt ist (dass es solche auch auf Seiten des Auftraggebers gibt, steht natürlich anzunehmen, soll hier aber nicht weiter ausgeführt werden). Solche Interessenkonflikte betreffen zum Beispiel die pragmatische und effiziente Durchführung von Aufträgen einerseits und Erfordernisse von Begleitforschung andererseits. Wenn der Auftragnehmer die Grundhaltung hat, seine Arbeit regelmäßig auszuwerten und in der Supervision zu reflektieren, wie es beim Verfasser der Fall ist, entschärft dies den Interessenkonflikt in einem gewissen Umfang, da Material für die Begleitforschung entsteht, löst ihn aber nicht prinzipiell.

Die verschiedenen Interessenkonflikte, die einerseits mit dem Auftraggeber andererseits aber mit dem Auftragnehmer selbst zu tun haben, führen dazu, dass aufgrund von Sachzwängen aber auch von Entscheidungen der Akteure manchmal die Erfordernisse der Begleitforschung hinter den Erfordernissen der pragmatischen Durchführung deutlich zurückstehen müssen. Diese pragmatische Priorisierung begrenzt zwar die Möglichkeiten der Forschung, wie man beispielsweise bei der Sichtung der zur Verfügung stehenden empirischen Daten sehen wird. Andererseits war es vielleicht der einzige Weg, die hier in Frage stehenden Programme mit ihrem hohen Umsetzungsdruck überhaupt einer Begleitforschung bzw. Auswertung zugänglich zu machen. Unberührt davon bleibt natürlich die Möglichkeit, dass andere Personen unter einem solchen Ergebnisdruck andere Entscheidungen gefällt hätten und damit andere Wege hätten beschreiten können.

Die Grundhaltung des Verfassers war zunächst implizit und dann zunehmend explizit davon geprägt, die Prinzipien von Action Learning auch auf die Entwicklung von Action-Learning-Programmen anzuwenden. Diese Prinzipien, die weiter unten genauer erläutert werden, sind beispielsweise: Lernen durch Tun - wobei die Exploration Erwerb und Nutzung von Theoriewissen steuert - Handeln und Auswerten im Beraterteam, Reflexion des Systems des Auftraggebers und der von ihm vertretenen Normen und Werte sowie der Normen und Werte des Beraters selbst.

1.3.2. Die zur Verfügung stehenden Daten

Dem Verfasser stehen eine Vielzahl unterschiedlicher Daten zur Verfügung. Diese sind jedoch oft nicht zu Forschungszwecken entstanden, sondern zur Verbesserung und Erhöhung der Akzeptanz der Programme. Nachfolgend sollen die Quellen aufgeführt werden, die in der konkreten Auseinandersetzung mit den Programmen genutzt wurden, auch wenn sie nur zum Teil direkt in diese Arbeit einfließen:

Informationen zu den Unternehmen, in denen die Programme stattfanden

Dies sind sowohl Rahmendaten der Unternehmen, wie sie einschlägig veröffentlicht sind, als auch Artefakte wie Führungsinstrumente oder Mitarbeiterzeitschriften, aber auch z.B. in Unternehmen C eine ausgiebige Diagnose mit oberen Führungskräften und der Unternehmensleitung in Form qualitativer, halbstandardisierter Interviews.

Die Management-Development-Programme

Die komplette Beschreibung des jeweiligen Programmaufbaus, inklusive der verwendeten Materialien und der daraus sich ergebenden Abläufe. Dazu kommen Prozessdaten zur Evolution der Programme im Betrachtungszeitraum sowie zu Vorgehen und Ergebnis einzelner Action-Learning-Projekte aus jedem Programm.

Regelmäßige detaillierte Rückmeldungen zu den Programmen von Teilnehmern

Diese wurden in allen betrachteten Programmen qualitativ und mündlich durchgeführt, entweder am Ende eines Präsenzblocks und/oder zwischen den Blocks telefonisch. Erhoben wurden diese Daten von den Beratern und/oder von den Programmverantwortlichen in den Unternehmen, anschließend wurden sie mit den Beratern durchgesprochen. Mitschriften dieser Rückmeldungen von Beraterseite liegen vor. In Unternehmen B wurden zusätzlich am Ende der Präsenzblocks standardisierte Bewertungsbögen eingesetzt, die auch einige offene Fragen enthielten. Auch wenn diese Bewertungsbögen vorwiegend den Interessen des Auftraggebers dienten (z.B. Qualität der verschiedenen Referenten, Hotelunterbringung etc.) enthielten sie auch Informationen zur Steuerung. Auch diese Bewertungsbögen liegen vor.

Reflexionen der Berater, bzw. gemeinsame Reflexionen von Beratern und Auftraggebern

Solche Reflexionen wurden in allen Programmen vorgenommen, wenn auch durchaus unterschiedlich nach Ausmaß und Intensität. Protokollnotizen dieser Reflexionen stehen zur Verfügung.

Die verfügbaren Daten betreffen also harte Faktoren, z.B. des Unternehmens, wie auch weiche Faktoren, z.B. Einschätzungen der Betroffenen. Zur Wahrung der Interessen der Auftraggeber können nicht alle Daten explizit verwendet werden. Dennoch haben sie, als Hintergrundinformation in spezifischen Situationen, sicherlich Denken und Handeln beeinflusst.

Am Ende dieses Abschnitts soll nunmehr das methodische Vorgehen in dieser Arbeit zusammengefasst werden. Von Rosenstiel (2003) unterscheidet in Bezug auf die Methodik der empirischen Psychologie zwischen Ort der Forschung, Strategie des Vorgehens und Aktivität des Forschers.

Die erste Dimension, der Ort der Forschung – Labor oder Feld – ist dabei leicht zu definieren. Es handelt sich um eine Untersuchung im Feld, in den einzelnen Unternehmen.

Die Strategie der Forschung – unsystematisches, systematisches, quasiexperimentelles oder experimentelles Vorgehen – stellt die nächste Dimension dar. Hier handelt es sich um einen Eingriff ins Feld (die Durchführung eines Action-Learning-Programms), die abhängige Variable sind die Auswirkungen dieses Eingriffs im Feld, beispielsweise bei den als Teilnehmern Betroffenen. Es handelt sich insofern um ein quasiexperimentelles Vorgehen. Interessant bei dem gewählten Vorgehen ist allerdings, dass das Feld wiederum direkt zurückwirkt auf das Programm, welches somit einer Evolution unterliegt und damit seinerseits von einer unabhängigen zu einer abhängigen Variablen werden kann. In unserer Arbeit stellen wir daher das Postulat auf: „Auch das Action-Learning-Programm lernt."

Schließlich gibt es die Dimension der Aktivität des Forschers – Introspektion, Befragung, Beobachtung. In dem hier gewählten Vorgehen spielen Befragungen speziell der Teilnehmer, aber auch anderer Akteure, eine Rolle. Gleichzeitig wurde eine Vielzahl von Situationen geschaffen, in denen das Verhalten der Teilnehmer, aber auch der Auftraggeber intensiv beobachtet werden konnte. Da der Forscher gleichzeitig als Akteur an den Programmen beteiligt war, z.B. als Experte, Designer und Moderator, spielt auch Introspektion eine wichtige Rolle, etwa bei der Generierung einer Hypothese. In Bezug auf die Aktivität des Forschers wird daher das gesamte Spektrum abgedeckt, wenn auch mit unterschiedlicher Schwerpunktsetzung.

2. Der Begriff Action Learning

Action Learning thematisiert das psychologisch bedeutsame Konzept der Aktion oder Handlung als Auslöser für das Lernen. Frese und Sabini (1985) führen aus, dieses Konzept sei so alt wie die Psychologie selbst, habe aber in jüngerer Zeit neue Aktualität erlangt. So postulierte die moderne Aktionstheorie: „In acting you get to know the world because in action you get feedback from the object acted upon" (Frese & Sabini, 1998, S. XVIII). Action Learning ist somit ein handlungsorientierter Lernansatz. Von Raelin wird Action Learning den „action strategies" (Raelin, 1999, S. 116) zugeordnet, die er auf Kurt Lewin zurückführt.

Unabhängig von dieser ideengeschichtlichen Einordnung erfreut sich der Begriff Action Learning im angelsächsischen Sprachraum bereits seit einiger Zeit wachsender Beliebtheit, was allerdings auch dazu führt, dass er zunehmend für unterschiedlichste Phänomene verwendet wird. Yorks (1997) konstatiert, dass der Begriff in der Gefahr stehe ein Modewort zu werden, das alles und dadurch nichts bedeutet. Marsick und O'Neil (1999) berichten von einer Konferenz, die einen Überblick über das Gebiet Action Learning bieten soll und stellen fest, dass die vorgestellten Programme wenig Ähnlichkeit miteinander hatten, geschweige denn mit Action Learning, wie es von seinen Begründern definiert wurde. Um die Bandbreite dessen zu zeigen, was unter dem Titel Action Learning angeboten wird, geben die Autorinnen dann einige Beispiele (Marsick und O'Neil, 1999, S. 159):

„In einem Programm einer Bank wurden die Teilnehmer durch Rollenspiele, Planspiele und erfahrungsorientierte Elemente aktiv mit einbezogen. Bei einem Energieversorger hingegen führten die Mitarbeiter einer anerkannten Weiterbildungsabteilung anstelle von Seminaren Performance-Beratungen, Coaching und sogar Problemlösungen durch und nannten dies Action Learning. In einem weiteren Beispiel führte eine Ölgesellschaft mit gut funktionierenden

Teams einen Workshop durch, in dem fünf Disziplinen von Senge (Personal Mastery, gemeinsame Vision, Systemdenken, mentale Modelle und Teamlernen) auf Praxisprobleme der Teilnehmer angewandt wurden. Das vierte Beispiel betrifft mehrere Firmen, die Outdoor-Aktivitäten wie Wildwasser-Rafting anboten. Schließlich beinhaltete ein Führungskräfte-Programm eine Projektkomponente, die als Action Learning bezeichnet wurde."

Der Begriff Action Learning besitzt also offenbar eine hohe Dehnbarkeit aber auch Anziehungskraft, gemessen an der Zahl der Anwendungsfelder. Auch die Zahl der Veröffentlichungen ist im angelsächsischen Bereich sehr hoch, was die Attraktivität des Konzepts unterstreicht. Anders ist dies – zumindest derzeit noch – im deutschsprachigen Bereich, wo im Frühjahr 2008 mit Donnenberg (1999) nur eine einzige weitere Buchveröffentlichung zur Verfügung stand, die ihrerseits größtenteils eine Übersetzung aus dem Englischen darstellt. Immerhin wurde in die Handelsblatt Management Bibliothek (2005) ein Buch von Revans über Action Learning aufgenommen. Im Weiterbildungsalltag großer deutscher Konzerne ist Action Learning hingegen schon sichtbar auf dem Vormarsch. Boshyk (2000) widmet in seiner Sammlung von weltweiter Best Practice zu *Business-Driven Action Learning* vier von dreizehn Fallgeschichten Konzernen, die aus Deutschland stammen, nämlich DaimlerChrysler (Braun, S. 3 ff.), Hoffmann La Roche und Boehringer Mannheim (Kissel, S. 65 ff.), Siemens (Bellmann, S. 140 ff.) und Volkswagen (Mollet, S. 152 ff.).

Die Attraktivität des Begriffs Action Learning mag unter anderem daran liegen, dass er aus zwei Begriffsteilen besteht, die für sich genommen schon einen hohen Aufforderungscharakter besitzen. Die Anziehungskraft des Begriffsteils „Action" muss in Bezug auf eine Geschäftskultur, bei der rasche Umsetzung einen immer höheren Stellenwert hat, sicher nicht näher erläutert werden. Es soll in diesem Zusammenhang nur darauf hingewiesen werden, dass es fast unmöglich ist, ein Management-Meeting zu beenden, ohne dass eine Liste von „Actions“ festgehalten und verteilt worden ist.

Anders verhält es sich mit dem zweiten Begriffsteil „Learning“. Dieser wird von Managern häufig mit Schullernen und entsprechenden Vorbehalten assoziiert, was z.B. von Revans (1998) angemerkt wird. Mit der Verbreitung des Begriffs der „Lernenden Organisation“ durch die Arbeit von Senge (1996) erhielt auch „Lernen“ zumindest im Umfeld von Management-Beratern eine enorme Attraktivität. Inglis betont daher im Vorwort seines Handbuchs: „Die Zwillingskonzepte Action Learning und Lernende Organisation gehen Hand in Hand“ (Inglis, 1994, S. XI).

Aufgrund der hohen Ad-hoc-Plausibilität des Begriffs Action Learning wird Vieles so bezeichnet, was – zumindest im Sinne seiner Schöpfer – wenig oder gar nichts mit Action Learning zu tun hat. Zur Annäherung an das Thema soll zunächst auf die Wurzeln von Action Learning eingegangen werden, um dann zu untersuchen, wie die wichtigsten Strömungen abgegrenzt werden können.

Das Konzept Action Learning geht zurück auf Reg Revans, der schon in den dreißiger Jahren des letzten Jahrhunderts am Cavendish Laboratory beobachtete, wie Forscher sich wechselseitig zu ihren Themen befragten und dabei die Gruppe gezielt als Unterstützungsmedium nutzten, wodurch über die Zeit eine Vielzahl robuster Problemlösungen zustande kamen. Das Besondere an der Vorgehensweise war, dass gerade auch diejenigen zu Wort kamen, die keinen Expertenstatus für die Fragestellung hatten (Marquardt, 1999).

Der systematische Einbezug von Personen, die aus einer anderen Perspektive auf das Problem blicken als die unmittelbar verantwortlichen „Experten“ ist ein wesentliches und durchgängiges Merkmal von Action Learning. Hierzu führt Marquardt (1999) ein frühes Schlüsselerlebnis von Revans an, nämlich den Untergang der Titanic: „Als dieser Luxusdampfer am 14. April 1912 unterging, kamen mehr als 1.400 Menschen ums Leben. Ärgerliche Fragen wurden daher auf beiden Seiten des Atlantiks gestellt. Wie konnte es passieren, dass dieses angeblich unsinkbare Schiff auf seiner Jungfernfahrt über den Nordatlantik unterging? Was war hier schief gelaufen? Warum hatten die Planer und Schiffsbauer eine solche Tragödie nicht vorhergesehen?"

Der persönliche Bezug von Revans zu diesem Unglück kam durch eine familiäre Verbindung zustande. Revans' Vater hatte nämlich die Aufgabe, zu untersuchen, warum die Titanic so schwere Konstruktionsfehler hatte, dass es auf der Jungfernfahrt zu ihrem Untergang kam, obwohl die besten Konstrukteure und Techniker Englands für den Bau zusammengeführt worden waren.

Er entdeckte, dass einige Planer und Schiffsbauer tatsächlich besorgt waren, obwohl keiner seine Bedenken je in Anwesenheit seiner Kollegen geäußert hatte. Ihre Argumentation war die Folgende: Wenn offenbar kein anderer ‚Experte' unsicher war in Bezug auf die Struktur und Sicherheit des Schiffs, dann war man sicherlich zum Schluss gekommen, dass die Konstruktion in Ordnung war. Sie hatten Angst, sich durch ‚dumme' Fragen zu blamieren. Diese Geschichte, die ihm von seinem Vater erzählt wurde, beeindruckte Revans so sehr, dass er begann einen Prozess zu entwickeln, in dem das Stellen dummer Fragen nicht nur möglich war, sondern ausdrücklich dazu ermutigt wurde.

Dass solche „dummen Fragen" in Wirklichkeit alles andere als dumm sind, wird deutlich, wenn Revans diese Fragen mit „Weisheit und gesundem Menschenverstand" (wisdom and common sense) verbindet. Ein wichtiges Merkmal der Methode Action Learning ist daher bis heute die Forderung, Außenseiter und Nicht-Experten hinzuzuziehen, um aus anderen Blickwinkeln neue Fragen zu stellen und Grundannahmen kritisch zu hinterfragen.

In Workshops mit Managern stellt man immer wieder fest, dass die „Titanic-Analogie" hohe Relevanz für das Erleben der Realität im

Unternehmen besitzt. Viele Manager und Projektmanager kennen Situationen, in denen kritische Fragen nicht mehr gestellt wurden, um nicht als Störenfried dazustehen, der scheinbar den Betrieb stört und wertvolle Zeit vergeudet. Aber gerade dadurch sind oft die Ergebnisse weit schlechter als möglich, wenn es nicht gar zum vollständigen Misserfolg kommt.

Auch heutzutage können oft erstklassige Experten, die unter erheblichem Ergebnis-, Zeit- und Ressourcendruck stehen, Misserfolge nicht verhindern, sei es weil sie einem Tunnelblick unterliegen, einer „community of assumptions" angehören, die den Lösungsraum verengt (vgl. Etzioni, 1975), oder eine „Logik des Misslingens" verwenden (vgl. Dörner, 2003).

Janis (1982) bezeichnete solche Wahrnehmungseinschränkungen in Gruppen als „Groupthink" und hat damit einen weithin verwendeten Begriff geschaffen. Die New York Times etwa gab einem Artikel über das Columbia-Unglück den Titel „Kluge Leute können gemeinsam dümmer sein als die Summe ihres Verstands – 'Groupthink' ist 30 Jahre alt und immer noch weit verbreitet" (Schwartz & Wald, 2003).

Action Learning ist so gesehen ein systematischer Versuch, den Mechanismen des Gruppendenkens entgegenzuwirken und seinen dysfunktionalen, realitätsverzerrenden Aspekten zu entrinnen.

Tatsächlich ist die systematische Berücksichtigung unterschiedlicher Perspektiven zur Vermeidung zu enger oder einseitiger Betrachtungen ein wichtiges Anliegen. Kirsch (1998) diskutiert dies aus der Perspektive der Unternehmensführung unter dem Gesichtspunkt der Handhabung komplexer Probleme, die er als Multi-Kontext-Probleme definiert: „Jeder Beteiligte liefert also allenfalls eine partielle Problemdefinition... Komplexe Probleme sind durch die Existenz einer Menge partieller, kontextspezifischer Problemdefinitionen charakterisiert" (Kirsch, 1998, S. 208). Komplexitätshandhabung findet in einer Entscheidungsarena involvierter Personen statt und kann entweder als komplexitätsbejahend oder komplexitätsverneinend charakterisiert werden: Bei der Komplexitätsverneinung wird die Entscheidungsarena gleichsam „unterdimensioniert“: Es sind mehr Personen betroffen und mehr Kontexte relevant, als Eingang in die Entscheidungsarena finden. Das kann bewusst oder unbewusst geschehen. Im ersten Fall liegt eine Vergewaltigung im zweiten eine Leugnung der Problemkomplexität vor. Bei der Vergewaltigung wird die Komplexität zwar relativ zutreffend eingeschätzt, die Entscheidungsarena aber bewusst klein gehalten, um den Prozess der Entscheidungsfindung nicht allzu sehr zu verkomplizieren. Leugnung der Komplexität beruht dagegen auf ihrer Unterschätzung; die Beteiligten sind sich dessen gar nicht bewusst, dass es auch andere Kontexte geben könnte, in denen das Problem anders definiert wird. Sie gehen davon aus, dass andere das Problem „eigentlich“ genauso sehen müssten, wie sie selber. Beiträge, die nicht in die Problemdefinition passen, werden als „Müll“ … wahrgenommen und darauf zurückgeführt, dass die anderen offensichtlich nicht „verstanden“ haben, worum es „tatsächlich“ geht. (Kirsch, 1998, S. 209 f.)

Action Learning kann aus dieser Sicht als ein Versuch angesehen werden, die Komplexität betrieblicher Fragestellungen explizit zu bejahen und relevante Kontexte bei der Problemlösung einzubeziehen. Marquardt (1999) benennt dabei ein weites Feld von Bezügen und theoretischen Wurzeln von Action Learning (vgl. Abbildung 2.1).

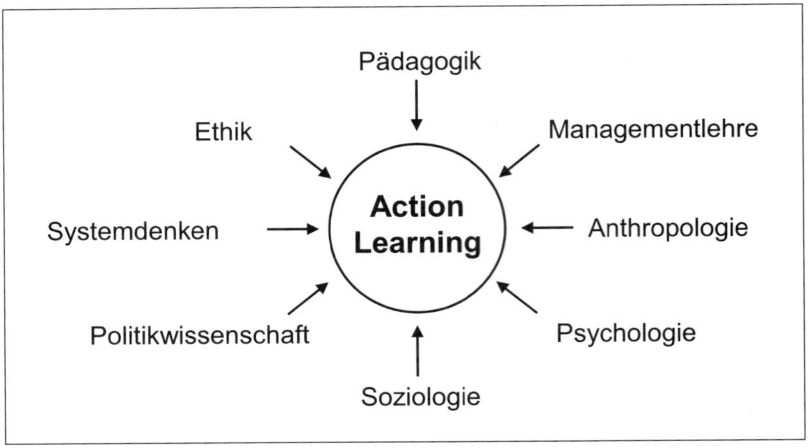

Abb. 2.1: Theoretische Wurzeln des Action-Learning-Konzepts (nach Marquardt, 1999, S. 21)

Die theoretischen Wurzeln von Action Learning werden in den meisten Veröffentlichungen jedoch eher zurückhaltend analysiert oder implizit vorausgesetzt. Relativ häufig sind nur Bezüge auf die Position von Reg Revans. Dies mag dadurch zu erklären sein, dass es sich bei vielen Veröffentlichungen zum Thema Action Learning eher um Handbücher für Praktiker (z.B. Personal- und Organisationsentwickler) handelt als um wissenschaftliche Abhandlungen. Beispiele dafür sind etwa Dotlich und Noel (1998), Inglis (1994), Marquardt (1999), Pedler (Hrsg., 1983) und Rothwell (1999). McGill und Beaty (1992) nehmen immerhin eine Abgrenzung zwischen Action Learning und Action Research vor.

Eine differenzierte Analyse findet sich allerdings bei Marsick und O'Neil (1999), die von vier verschiedenen Schulen des Action Learning sprechen, worauf weiter unten eingegangen wird.

Zuvor soll jedoch das Spektrum noch einmal erweitert werden, um die Diskussion der verschiedenen Schulen von Action Learning im größeren Zusammenhang handlungsorientierter Ansätze zu verstehen, von denen Action Learning eine spezielle Ausprägung darstellt.

Dieses Feld handlungsorientierter Ansätze wird von Raelin (1999, S. 115) „action strategies“ und von Watkins und Marsick (1993, S. 118 ff.) „action technologies“ genannt. Im Anschluss daran werden Definitionsversuche von Action Learning genauer betrachtet.

2.1. Action Learning im Rahmen handlungsorientierter Ansätze

Raelin (1999) führt aus, dass nach seiner Einschätzung die handlungsorientierten Methoden alle auf Kurt Lewin zurückgehen, auch wenn dies vielleicht nicht von allen Theoretikern anerkannt wird. Ein solcher Bezug zu Lewin wird auch von Tippelt (1979) hergestellt. Raelin unterscheidet sechs verschiedene Aktionsstrategien. Neben Action Learning sind dies:

- Action Research (Aktionsforschung)
- Participatory Research
- Action Science (Handlungswissenschaft)
- Developmental Action Inquiry
- Cooperative Inquiry

Diese Aktionsstrategien werden von Raelin wie folgt beschrieben und abgegrenzt:

Action Research: Bei diesem Vorgehen nehmen die Wissenschaftler sowohl als Subjekt als auch als Forschungsgegenstand an der Untersuchung teil, mit der ausdrücklichen Absicht, durch den Forschungsprozess einen Wandel in Gang zu setzen (Dickens & Watkins, 1999; Moser, 1975 und 1977; Tippelt, 1979).

Participatory Research: Dieser Ansatz stellt Prozesse von Wissen und Macht in den Mittelpunkt. Es wird versucht, eine Zusammenarbeit zwischen privilegierten Gruppen, die oft Kontrolle über Produktionsmittel und Wissen ausüben, und ökonomisch benachteiligten Gruppen herzustellen, die ihrerseits herrschende Werte in der Gesellschaft in Frage stellen und sozialen Wandel fordern (Park, 1999).

Action Science stellt eine Methode dar, die auf der Annahme beruht, dass Menschen ihre interpersonelle und organisationale Effektivität erhöhen können, wenn sie verdeckte Annahmen hinterfragen, die ihr Handeln steuern (Argyris, 1997; Argyris, Putnam & McLain Smith, 1985; Putnam, 1999).

Developmental Action Inquiry ist der systematische Versuch, das Bewusstsein einer Person, Gruppe, Organisation oder Gesellschaft zu erhöhen, indem die Wechselwirkungen zwischen (transpersonaler) Bewusstheit, subjektiven Interpretationen und Strategien, intersubjektiven Praktiken, Politiken und objektiven Daten und ihren Wirkungen thematisiert werden (Torbert, 1999).

Cooperative Inquiry: Alle an einer Untersuchung Beteiligten sind Mit-Forscher (co-researchers), die Ideen generieren und das Projekt entwerfen und betreiben. Sie sind aber auch Mit-Handelnde (co-subjects), die an der zu erforschenden Aktivität teilnehmen (Reason, 1999).

Im Rahmen der Aktionsstrategien nach Raelin (1999) wird Action Learning wie folgt charakterisiert: Es beruht auf der pädagogischen Annahme, dass Menschen am Effektivsten lernen, wenn sie an Echtzeit-Problemen arbeiten, die in ihrem eigenen Arbeitsumfeld auftreten.

Eine detaillierte Diskussion der Abgrenzungen und Überschneidungen zwischen den verschiedenen Aktionsstrategien kann im Rahmen dieser Arbeit nicht geleistet werden und wird an anderen Orten intensiv geführt (z.B. Raelin, 1999). Trotzdem soll auf einige Unterschiede hingewiesen werden. Die Mehrzahl der genannten Strategien versteht sich als wissenschaftliche Forschungsmethoden, die folglich auch die Rolle des Forschers thematisieren. Action Learning betrachtet demgegenüber stärker die Praxis. Es geht darum, dass die Beteiligten selbst ihr (Arbeits-) Umfeld besser verstehen und effektiver handeln. Im Unterschied zu Participatory Research gibt es bei Action Learning keine theoretisch begründete Zielrichtung (wie den emanzipatorischen Aspekt sozial benachteiligter Gruppen).

Weitere Besonderheiten von Action Learning im Vergleich zu den anderen Aktionsstrategien, die zum Teil auch nur gradueller Art sind, ergeben sich zusammengefasst nach Raelin (1999) vor allem in folgenden Punkten: Action Learning ist stark auf Problemdefinition (problem framing) und Problemlösung ausgerichtet. Es geht von natürlichen Lernprozessen und Erfahrungen aus, wobei die Überzeugungen von Teilnehmern und Moderatoren beträchtlichen Einfluss haben. Persönliche Risiken entstehen bei schlechter Leistung der beteiligten Individuen oder des Teams. Der Erfolg schließlich misst sich an der erreichten Veränderung, sei es des Individuums, des Teams und /oder der Organisation.

Die Aufstellung von Raelin (1999) arbeitet die Unterschiede zwischen den Strategien heraus. Tatsächlich dürfte die Abgrenzung in der Praxis sehr viel schwerer fallen, weil auch viele Übergänge und Gemeinsamkeiten zwischen den Strategien bestehen. Darüber hinaus gibt es auch innerhalb der Richtungen eine breite Differenzierung.

Als Beispiel für die vielfältigen Gemeinsamkeiten trotz der Abgrenzung soll das Kriterium „Facilitator" betrachtet werden. Raelin (1999, S. 120) beschreibt den Facilitator in seiner Darstellung für Action Learning als oft passiv; er fungiere als Spiegel des Lernverhaltens des einzelnen und des Teams.

Marsick und O'Neil (1999) zeigen aber, wie unterschiedlich dessen Rolle in den einzelnen „Action-Learning-Schulen" gelebt wird und wie sehr die Unterschiede zu anderen Strategien in diesem Punkt verschwimmen. Für die „Critical Reflection School" des Action Learning entfernen sich die Autorinnen am meisten von Raelins genereller Definition und schreiben zur Rolle des Facilitators, dass diese variiere, aber oft eher intervenierend verstanden wird. Die passive Rolle wird verbunden mit aktivem Hinterfragen. Der Unterschied etwa zur Facilitator-Rolle im Action Science ist dann vielleicht nur noch graduell, da diese aktiv ist, scheinbar akzeptierte Praktiken unterbricht, Reflexion provoziert und alternatives Verhalten modelliert (Raelin, 1999).

Trotz aller Überschneidungen im Einzelnen kann jedoch festgehalten werden, dass Action Learning im Rahmen der handlungstheoretischen Ansätze einen eigenständigen Platz einnimmt, das Lernen der Beteiligten durch Erfahrung in den Mittelpunkt stellt und durch Zyklen von Aktion und Reflexion gekennzeichnet ist.

2.2. Zur Definition des Begriffs Action Learning

Die klarste und einfachste Definition von Action Learning findet sich bei Dotlich und Noel: „Auf der grundlegendsten Ebene ist Action Learning nichts anderes als Lernen durch Tun in einer kontrollierten Umgebung“ (Dotlich & Noel, 1998, S. 1).

Es ist nicht ganz klar, was genau unter einer „kontrollierten Umgebung“ (controlled environment) zu verstehen ist und ob sich dies z.B. auf die methodische Durchführung, das so genannte „Set“ bezieht, welches weiter unten noch thematisiert wird. Der Gedanke des „Learning by doing“ knüpft jedoch an Gedanken von Revans selbst an, der immer wieder beklagte, wie schwierig es sei, die Grundidee von Action Learning zu vermitteln, da es eher trivial klingt, wenn man es nicht erlebt hat.

„Es braucht lange, um Action Learning zu beschreiben, noch viel länger es interessant zu finden und noch mal länger damit anzufangen, weil es so einfach ist. Sobald man es jemandem vorstellt als eine Art *learning by doing* ist die Geringschätzung groß. ‚So ähnlich wie *learning by doing*?.. Aber genau das liegt jedem hier doch seit Ewigkeit am Herzen… Action Learning? *Learning by doing*? Was ist daran so neu? Und wer braucht noch ein weiteres Buch darüber?" (Revans, 1983, S. 9 f.)

Der erste Definitionsaspekt ist also „Learning by doing". Dieser wird noch ergänzt und präzisiert durch die so genannte „Lerngleichung" (Learning Equation), die von Revans (1998, S.4) aufgestellt wurde:

$$\mathbf{L = P + Q}$$

Revans macht hier eine wesentliche Unterscheidung zwischen vorhandenem Theorie- oder Expertenwissen und der Exploration neuartiger Fragestellungen. Theorie- und Expertenwissen, das so genannte „programmed knowledge" oder „P", ist oft nützlich, gibt aber immer nur eine Antwort auf bekannte Fragestellungen. Dementsprechend klingt seine Formulierung „it's the stuff of traditional instruction" auch durchaus ein wenig verächtlich, da es ihm ja gerade darum geht, die blinde Expertengläubigkeit zu erschüttern. Die Herausforderung aus seiner Sicht ist die Bewältigung unbekannter, neuartiger Probleme, für die es (noch) keine fertigen Lösungen gibt. Gerade darin sieht er – und darin folgen ihm auch die anderen Autoren des Action Learning – in wachsendem Maße die Anforderung an Management in Organisationen.

Diese Aufgabe, nämlich für unbekannte Fragestellungen Lösungen zu finden, bezeichnet Revans in seiner Gleichung mit dem Faktor „Q" („questioning insight") und er betont, dass es gerade die Anerkennung der Unbekanntheit ist, die neue angemessene Lösungen erzwingt. „Der Schlüssel zu Action Learning ist das Erkennen der eigenen Unwissenheit und nicht Theoriewissen. Menschen beginnen mit- und voneinander zu lernen, wenn sie entdecken, dass keiner die Antwort kennt, aber alle gezwungen sind, sie zu finden." (Revans, 1983, S.11).

Das zweite wesentliche Definitionsmerkmal ist also die Unterscheidung zwischen vorstrukturiertem Expertenwissen und neuartigen Problemstellungen, für die es noch keine fertigen Lösungen gibt. Im Action Learning geht es darum, diesen

Lösungsprozess zum Beispiel mit Hilfe von Feedbackschleifen zu organisieren. Marquardt (1999, S.4) betont, dass Action Learning einen gut bewährten Rahmen zur Verfügung stellt, der es den Beteiligten erlaubt, effektiv und effizient zu lernen und gleichzeitig schwierige „real-life" Situationen zu handhaben. Grundlegend dafür sind zwei Punkte, nämlich einerseits die Anwendung neuer Fragestellungen zur Weiterentwicklung der bisherigen Kenntnisse und andererseits die Reflexion der Aktionen, die während und nach einer Problemlösungssitzung ergriffen wurden.

Das nächste Definitionsmerkmal bezieht sich darauf, von wem Action Learning durchgeführt wird. Schon bei Revans ist angeklungen, dass es im Action Learning ein miteinander und voneinander Lernen gibt. Dies wird auch in der Definition von McGill und Beaty (1995) deutlich herausgearbeitet. Der Prozess des Lernens und Reflektierens wird mit Unterstützung einer Gruppe, die im Action Learning als „Set" bezeichnet wird, durchgeführt. Sets arbeiten an Echtproblemen mit der klaren Absicht, diese auch zu lösen. Die Teilnehmer eines Sets arbeiten jeder an einer wichtigen Aufgabe, die sie mit Hilfe der anderen Set-Mitglieder vorantreiben. Der Prozess hilft dadurch den Beteiligten, eine aktive Haltung einzunehmen anstatt der Tendenz nachzugeben, sich passiv dem Lebens- und Arbeitsdruck zu beugen.

Die Gruppe stellt demnach einen wichtigen Bezugspunkt für Action Learning dar, indem sie sowohl ein Forum für Reflexion bietet als auch eine sichere Basis zum Erproben neuartiger Lösungen und andersartiger Verhaltensweisen darstellt. Dean (1998, zitiert nach Rothwell, 1999, S. 3) betont in diesem Zusammenhang einen emanzipatorischen Aspekt, wenn er ausführt, dass dies auch ein Feld ist, in dem vertrauensvolle Zusammenarbeit mit demokratischen Spielregeln erlebt werden kann. Action Learning in dieser Sicht ist ein zielgerichteter, von den Teilnehmern selbst gesteuerter Prozess, um tatsächliche, systemische und organisatorische Probleme zu lösen und daraus zu lernen. In die Tagesarbeit wird das Prinzip des Teamlernens mit demokratischen Werten in einer Atmosphäre von Vertrauen und Authentizität eingeführt.

Schließlich ist Action Learning geeignet für den Umgang mit Veränderungen und notwendigem Wandel der Organisation. Marquardt (1999) hält dies für den größten Verdienst von Action Learning, denn durch dieses Lernen erhält Action Learning weit mehr eine strategische als eine taktische Bedeutung.

Dieser strategische Aspekt des Action Learning wird weiter zu untersuchen sein, da er von verschiedenen Autoren genannt wird. Er bezieht sich einerseits auf das Lernen strategisch wichtiger Fähigkeiten, andererseits auf die Gestaltung des Wandels selbst.

Damit ist der zentralste Punkt von Action Learning genannt, nämlich die simultane Entwicklung von Management und Organisation. Dieser Aspekt taucht in allen Definitionsversuchen auf und nimmt insgesamt den breitesten Raum ein. Indem sich das Action-Learning-Team einer Herausforderung des Unternehmens stellt, für die es noch keine Lösung gibt, entwickelt das Team die Organisation oder das Geschäft weiter, entfaltet gleichzeitig die eigene Problemlösefähigkeit und trainiert sich für diese Art von Aufgaben in der spezifischen Firmenumgebung.

Rothwell bringt dies auf folgende Formel: „Action Learning ist eine Echtzeit-Lernerfahrung mit zwei gleichermaßen bedeutsamen Zielrichtungen. Einerseits geht es darum, ein Bedürfnis der Organisation zu befriedigen und andererseits geht es um die Entwicklung von Individuen und Gruppen." (Rothwell, 1999, S. 5)

An einer anderen Stelle bringt Rothwell (1999) erneut eine Definition, in der er fast dieselben Worte benützt, mit einer Ausnahme: „organizational need" wird ersetzt durch „business need".

Auffallend ist, dass in der Literatur zum Thema Action Learning Organisationsentwicklung, Geschäftsentwicklung und Problemlösung fast synonym benutzt werden. Offenbar soll zum Ausdruck gebracht werden, dass neben der Entwicklung der beteiligten Personen ein Nutzen für die Organisation oder das Unternehmen entsteht, der im Einzelfall durchaus auch sehr unterschiedlich sein kann.

Inglis (1994) knüpft wieder stärker an das Thema Organisation an, wenn er feststellt:

„Action Learning ist ein Prozess, der Personen zusammenbringt, um Lösungen für Probleme zu finden und, indem er dies tut, sowohl das Individuum als auch die Organisation entwickelt. Anders ausgedrückt ist Action Learning ein Prozess, der Menschen und Organisationen entwickelt, indem er wichtige Probleme, mit denen die Organisation konfrontiert ist, dazu nutzt. Im Action Learning sind diese zwei Gesichtspunkte immer gegenwärtig – Wachstum und Entwicklung der Menschen und der Organisation und gleichzeitig das Finden von Problemlösungen.“ (Inglis, 1994, S. 3)

Genau in diesem Sinne schreibt auch Marquardt (1999), dass Action Learning ein sehr leistungsfähiger Problemlöseprozess ist, aber auch ein Programm mit der erstaunlichen Fähigkeit, gleichzeitig nachhaltigen individuellen und organisationsweiten Wandel zu bewirken.

Etwas weiter im Text präzisiert er dann den Zusammenhang zwischen Problemlösen und Lernen auf der einen Seite und Person, Gruppe und Organisation auf der anderen. Action Learning als Prozess und Programm umfasst eine kleine Gruppe von Personen, die echte Probleme lösen. Sie konzentrieren sich dabei gleichzeitig auf das, was sie lernen und wie ihr Lernen dem einzelnen Gruppenmitglied und der Organisation insgesamt nützen kann.

Graphisch veranschaulicht er diesen Zusammenhang mit einer „Wippe” mit zwei Achsen (vgl. Abbildung 2.2). Die eine Achse verdeutlicht die wechselseitige Abhängigkeit von Eigenentwicklung und Organisationsentwicklung. In einem Action-Learning-Prozess führt wie bei einer Schaukelbewegung Entwicklung auf der einen

Seite, z.B. der Organisation, auch zur Entwicklung auf der anderen Seite, der eigenen Persönlichkeit – und umgekehrt führt die eigene Entwicklung zu einer Weiterentwicklung der Organisation.

Ähnlich verhält es sich mit dem Zusammenhang zwischen Problemlösen und Lernen auf der zweiten Achse. Im Action-Learning-Prozess führt Problemlösen zu Lernen und Lernen wiederum zu (verbessertem) Problemlösen.

Ganz ähnliche Erkenntnisse führen Dotlich und Noel (1998) dazu, Action Learning eine geradezu magische Kraft zuzuerkennen, wenn sie schreiben, dass dieser Prozess Organisationen hilft, große geschäftliche Probleme zu bewältigen. Gleichzeitig werden Schlüsselpersonen entwickelt, die die Fähigkeit besitzen, ihre Organisationen in die gewünschte strategische Richtung zu führen.

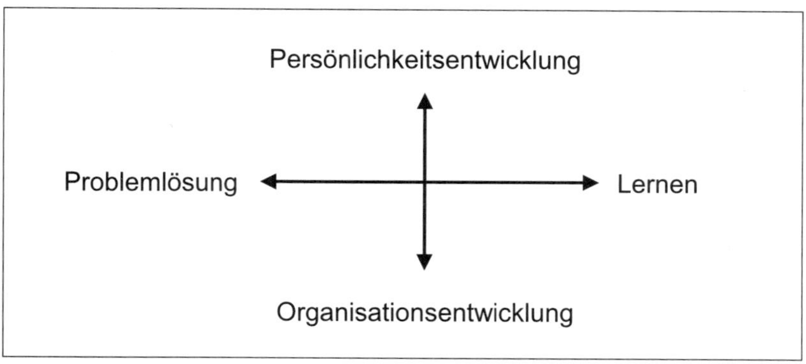

Abb. 2.2: Die Action-Learning-Wippe (nach Marquardt, 1999, S. 7; Adaptation von Weinstein, 1995, S. 65 f.)

Im nächsten Abschnitt wird thematisiert, wie verschiedene Action-Learning-Schulen diesen „Schaukeleffekt" bzw. den „magischen Steinwurf" zu erzeugen versuchen, um in die strategisch angestrebte Richtung zu kommen.

Zum Abschluss dieses Abschnitts über Definitionsmerkmale von Action Learning soll eine häufiger zitierte Aussage von Pedler stehen, die eine ganze Reihe der hier diskutierten Merkmale enthält:

„Action Learning ist ein Ansatz zur Entwicklung von Menschen in Organisationen, bei dem die Aufgabe als Vehikel für Lernen dient. Es beruht auf der Annahme, dass es kein Lernen ohne Handeln gibt und keine nüchterne und überlegte Handlung ohne Lernen... Die Methode... hat drei Hauptkomponenten – Menschen, die sich der Verantwortung stellen in Bezug auf eine bestimmte Fragestellung zu handeln, Probleme oder Aufgaben, die Menschen sich selbst setzen und ein Set von etwa sechs Kollegen, die sich wechselseitig unterstützen und herausfordern, um in Bezug auf die Probleme Fortschritte zu machen.“ (zitiert nach Marsick & O'Neil, 1999, S. 160)

Die Definitionsmerkmale von Action Learning sind nach den Literaturauswertungen und Analysen in diesem Abschnitt also folgende:

- Learning by doing.
- Eine Addition von Expertenwissen und explorativem Erkunden von Neuland, wobei die Exploration steuert, welches Expertenwissen hinzugezogen wird (gemäß der Lerngleichung von Revans).
- Das Action-Learning-Team als Medium für Reflexion, Erproben neuer Lösungen und persönliche Entwicklung.
- Die Simultaneität von Problemlösen und Lernen bzw. von persönlicher und organisationaler Entwicklung in Form einer „Wippe“ oder eines „magischen Steinwurfs“.

2.3. Bestandteile von Action-Learning-Programmen

Action Learning wird in Programmen durchgeführt, die ganz unterschiedlich aufgebaut sein können, in Abhängigkeit von der zugrunde liegenden Zielsetzung, der Situation in der Organisation und dem Verständnis des jeweiligen Beraters.

Es gibt jedoch so etwas wie grundlegende Bestandteile von Action Learning, die regelmäßig auftauchen, auch wenn sie von den verschiedenen Autoren unterschiedlich benannt werden und auch nicht scharf abgrenzbar sind. Es ist die Rede von „Elementen“ (vgl. „elements“ bei Dotlich & Noel, 1998, S. 14; Garratt, 1983, S. 33 ff. & Marquardt, 1999, S. 6) des Action Learning, aber auch von „Komponenten“ (vgl. „components“ bei Lawlor, 1983, S. 191 ff. & Marquardt, 1999, S. 5 ff.). Andere sprechen vom „konzeptionellen Rahmen“ (vgl. „framework“ bei Dotlich & Noel, 1998, S. 13 ff.), von „Terminologie“ (vgl. „terminology“ bei Inglis, 1994, S. 12 f.), von „Bestandteilen“ (vgl. „constituents“ bei Inglis, 1994, S. 55), und „Schlüsselschritten“ (vgl. „key steps“ bei Rothwell, 1999, S. 12 ff.) des Action Learning. In einem etwas anderen Zusammenhang, aber durchaus mit Überschneidungen zu den vorgenannten Aspekten, sprechen andere Autoren von den „zugrunde liegenden Werthaltungen“ von Action Learning, den so genannten „underpinning values“ (McGill & Beaty, 1995, S. 33) bzw. den „unveränderlichen Annahmen“ oder „inalienable assumptions“ (Revans, 1998, S. 4 ff.).

Inglis (1994) führt aus, welche zentralen Begriffe zur Terminologie von Action Learning gehören. Seine Zusammenstellung (von ihm als „constituents“ von Action Learning bezeichnet) soll daher an den Anfang gestellt werden:

- Das Problem (welches als Projekt formuliert wird)
- Der Client (die Person, in deren Verantwortungsbereich sich das Problem befindet)
- Die Set-Mitglieder (die Mitglieder des Projektteams)
- Der Set-Berater (der Action-Learning-Experte)
- Die Tutoren (die Fachexperten für das Thema)
- Das Set Meeting und Workshops (S. 12 f.)

Ausgangspunkt im Action Learning ist demnach ein Problem, welches als Projekt aufgesetzt wird. Es gibt einen Owner des Problems, der von Inglis als Client bezeichnet wird und der ein vitales Interesse an der Lösung des Problems hat. Schließlich gibt es eine Gruppe von Leuten, die als Projektteam das Problem bearbeiten. Diese Gruppe wird auch als Set bezeichnet, die Teilnehmer werden Set-Mitglieder genannt. Dem Set steht als Set-Berater ein Action-Learning-Experte zur Seite, der das Projektteam durch den Prozess begleitet. Darüber hinaus gibt es einen oder mehrere Tutoren, die fachliche Inputs einbringen (P = programmed learning im Sinne von Revans) und ggf. eine Exploration (Q = questioning) anregen. Für die Treffen unterscheidet Inglis Set Meetings, die vorab geplant sind und etwa 3-4 Stunden dauern, sowie Workshops von 1-3 Tagen, an denen das Set ungestört arbeiten kann. Jedes Action-Learning-Programm hat mindestens einen Auftakt-Workshop und ggf. weitere Workshops. Set Meetings und Workshops können auch mit Tutorials verknüpft werden, in denen Fachkenntnisse erarbeitet werden.

Eine graphische Darstellung dazu stammt von Garratt (1983). Diese Darstellung umfasst die vier ersten von Inglis genannten constituents (vgl. Abbildung 2.3).

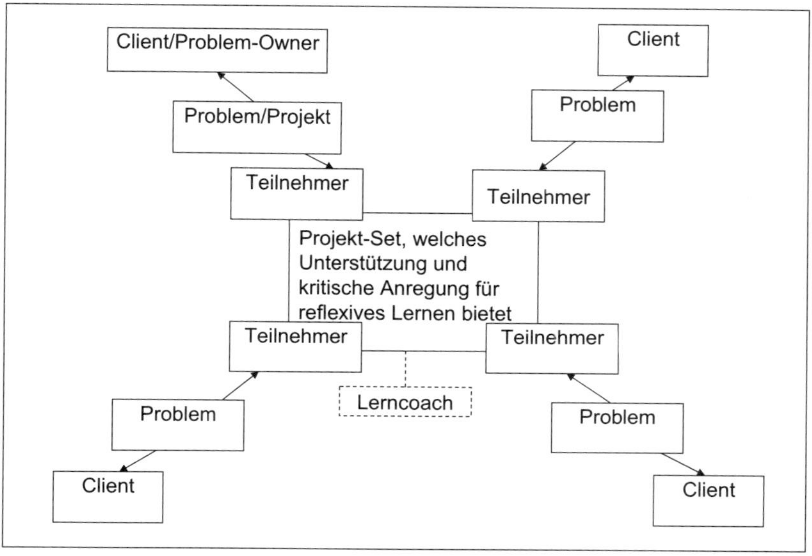

Abb. 2.3: Projekte und Teilnehmer im Projekt-Set (nach Garratt, 1983, S. 35)

Zu den aufgeführten Rollen gibt Garratt (1983) folgende Erläuterungen: „Der Client ist die Person, in deren Verantwortungsbereich sich das zu untersuchende Problem befindet, d.h. die Person, die in letzter Konsequenz verantwortlich zeichnet für die Lösung des Projekts an dem die Teilnehmer arbeiten“ (S. 34).

Die Bedeutung des Client als „Machtpromotor“ (Kirsch, 1997a, S. 257) besonders in der Anfangsphase wird dann herausgearbeitet: „In Pilotprogrammen ist der Client typischerweise das Mitglied im Leitungskreis mit der Verantwortung für den Hauptproblembereich” (Garratt, 1983, S. 34 f.).

Die zweite Rolle, die von Garratt (1983) problematisiert wird, ist diejenige des „Lerncoaches”:

„Der Set-Berater ist normalerweise eine Person außerhalb der Organisation, die die einzelnen Teilnehmer und das Set bei Entwicklungsprozessen unterstützt. Obwohl dies theoretisch nicht notwendig ist, weil die Erfahrungen bei den Beteiligten bereits vorhanden sind und nur einer neuen Interpretation bedürfen, sind sie bei einem neuen Programm normalerweise doch hilfreich, um einerseits den Action-Learning-Prozess innerhalb der Organisation zu legitimieren und andererseits den Teilnehmern zu helfen, mit den erforderlichen Veränderungen im Lernen und im Management-Stil zu experimentieren." (Garratt, 1983, S. 35)

Die Tatsache, dass Garratt den Lerncoach (Set Adviser) in „dotted lines" setzt, hängt mit dessen theoretischer Position zusammen, die durchaus im Widerspruch steht zu dem, was aus Garrats' Sicht - zumindest in Pilotprogrammen - pragmatisch sinnvoll ist.

Ein weiterer Gesichtspunkt betrifft die Zusammensetzung der Teilnehmergruppe bezogen auf die Projektaufgabe. Graphisch ist dies in Abbildung 2.4 dargestellt.

	Eigene Aufgabe	**Fremde Aufgabe**
Eigene Organisation	Projekte aus der eigenen Aufgabe	Interner Austausch
Andere Organisation	Austausch von Expertenwissen	Externer Austausch

Abb. 2.4: Die Aufgabe / Organisations-Matrix (nach Garrat, 1983, S. 36)

Die Teilnehmerauswahl, bzw. die Zusammensetzung des Sets, kann nach unterschiedlichen Gesichtspunkten erfolgen, z.B. nach der Weiterentwicklung des eigenen oder Erproben eines anderen Jobs bzw. nach der Arbeit in der eigenen Organisation oder Erweiterung der Perspektive in einer anderen Organisation. In großen Unternehmen oder in Holdings könnte eine andere Organisation unter Umständen auch eine andere Division oder ein anderes Beteiligungsunternehmen sein. Ähnliche Darstellungen wie die von Garrat finden sich übrigens auch z.B. bei Marquardt (1999) und Inglis (1994).

Implikationen und Erwartungen der verschiedenen Alternativen im Aufbau des Sets werden von Lawlor (1983) aufgezeigt (vgl. Abbildung 2.5). Lawlor selbst nimmt eine sehr differenzierte Darstellung der verschiedenen Aspekte bei der Zusammenstellung des Sets vor. Dabei sind die jeweils gegenüberliegenden Punkte als Gegensätze zu sehen, die zur Verfügung stehen.

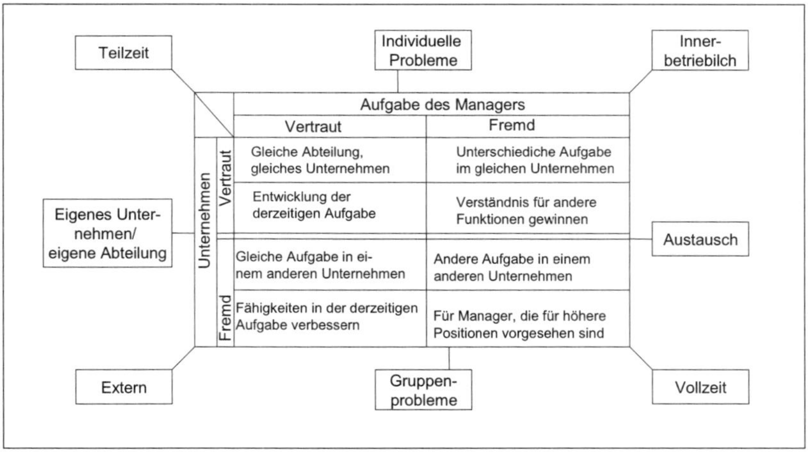

Abb. 2.5: Programmalternativen (nach Lawlor, 1983, S. 192)

Die Möglichkeiten, Action Learning durchzuführen, führen zu unterschiedlichen Entwicklungsmöglichkeiten und erzeugen verschiedene Erwartungen bei den Teilnehmern (vgl. Tabelle 2.1). Die 5. Option von Lawlor (gemeinsame Problemlösung in der Gruppe) ist deswegen besonders interessant, weil sie die Entwicklung der Organisation mit dem Entwicklungsbedarf der Teilnehmer kombiniert.

Inglis (1994) weist in diesem Zusammenhang darauf hin, dass Action-Learning-Teams nicht nur nach Projektgesichtspunkten, sondern auch nach Teamgesichtspunkten zusammengestellt werden können und empfiehlt dafür unter anderem die „Teamtypologie von Belbin" (vgl. Inglis, 1994, S. 79 ff.).

Einen anderen Ansatz, die Bestandteile von Action Learning zu thematisieren, unternimmt Marquardt (1999) mit seiner übersichtlichen Darstellung der Komponenten (components) von Action Learning. Er unterscheidet zur Bearbeitung des Problems (S. 5 ff.):

- Die Gruppe
- Den Erforschungs- und Reflexionsprozess
- Die Entschlossenheit zu Handeln
- Die Verpflichtung zu Lernen

In dieser Aufzählung werden formale Elemente (das Vorhandensein einer Gruppe) mit Ablaufelementen (Questioning and Reflection Process) und Einstellungen (Resolution to take Action and Commitment to Learning) kombiniert. Diese scheinbare Inkonsistenz ist wohl nicht zufällig, sondern taucht, wie wir oben schon gesehen haben, auch bei anderen Autoren auf und zieht sich mehr oder weniger durch alle Beiträge hindurch.

In der dazugehörenden Graphik (vgl. Abbildung 2.6) spricht Marquardt (1999) von „Elementen" des Action Learning und fügt den Moderator als weiteres formales Element dazu.

Tab. 2.1: Optionen für Teilnehmerzusammenstellung und Projektauswahl (Lawlor, 1983, S. 193)

Welche Optionen sind verfügbar?	**Was werden sie bewirken?**	**Erwartungen**
1. Eigene Aufgabe	1. Entwickelt den Einzelnen und verbessert seine Leistung in der gegenwärtigen Aufgabe	1. Individuelle Entwicklung
2. Gleiche Aufgabe an einem anderen Ort	2. Erweitert den Horizont des Einzelnen	2. Beförderung
3. Andere Aufgabe am gleichen Ort	3. Entwickelt den Einzelnen und erweitert seinen Horizont	3. Beförderung und eine höhere Führungsposition
4. Andere Aufgabe an einem anderen Ort	4. Sehr hoher Grad persönlicher Entwicklung	4. Geschäftsführer oder höheres Management innerhalb von zwei Jahren
5. Probleme, die von einer Gruppe gemeinsam gelöst werden	5. Entwickelt Einzelne, erhöht Arbeitsmoral und Commitment und entwickelt das Unternehmen selbst	5. Entwicklung gemäß den Bedürfnissen des Einzelnen und der Organisation, für eine Organisation sehr nachhaltig
Betriebsinterne Durchführungen haben größere Wirkung für das Unternehmen und sind weitaus kostengünstiger pro Teilnehmer. Externe Programme erbringen hohe individuelle Entwicklung bei niedrigeren Kosten pro Unternehmen.		

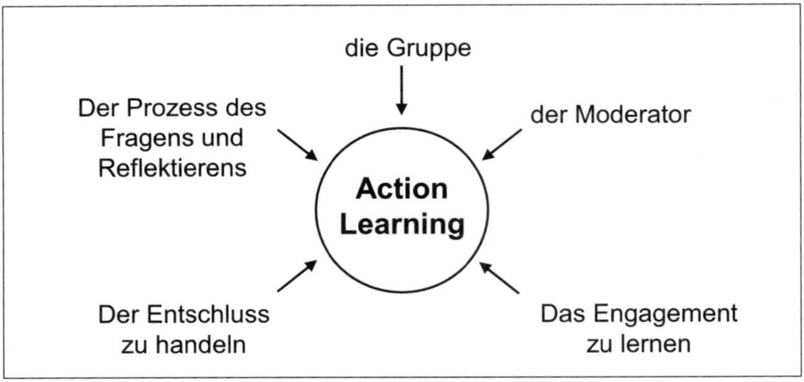

Abb. 2.6: Kernelemente des Action Learning (nach Marquardt, 1999, S. 6)

Von einem Action Learning Framework sprechen Dotlich und Noel (1998). In ihrer Einordnung geben sie Action Learning den Stellenwert eines „parallelen Universums“, welches neben der gewohnten Arbeitsumgebung existiert und neue Erfahrungen ermöglicht:

„Vielleicht ist es am besten, Action Learning als paralleles Universum zu beschreiben, eines das Ähnlichkeiten mit der Arbeitsumgebung eines Unternehmens hat und doch gleichzeitig anders ist. Ergebnisse, die in der wirklichen Welt Monate oder sogar Jahre brauchen, geschehen innerhalb von Wochen. Lernen und Handeln wurden in intensiven Workshops und Felderfahrungen verdichtet. Wenn Teams sich treffen um Erfahrungen zu formulieren, die sie dem Unternehmen präsentieren, sind die Sitzungen anders als andere Team-Sitzungen, an denen die Teilnehmer teilgenommen haben. Sie sind intensiver, konfrontativer und zielgerichteter. Action Learning zwingt die Leute nicht nur dazu, über den Tellerrand hinaus zu schauen, sondern auch darüber nachzudenken, wer sie selbst sind – als Manager. Leader und Individuen.“ (Dotlich & Noel, 1998, S. 16)

In der bildhaften Sprache der Autoren wird diese chancenreiche „Parallelwelt“ durch eine Reihe von Elementen zusammengehalten. Über die situative Unterschiedlichkeit verschiedener Programme hinweg sind diese als die wesentlichen Elemente des Action Learning Frameworks wirksam (Dotlich & Noel 1998, S. 14 f.):

„Einen typischen Action-Learning-Prozess zu beschreiben ist nicht immer einfach; seine Implementierung kann je nach spezifischen Zielsetzungen und Zeithorizonten von Unternehmen zu Unternehmen beträchtlich variieren. Dennoch verwenden fast alle Organisationen, die Action Learning nutzen, die meisten -wenn nicht gar alle- der folgenden zwölf Elemente als Rahmen:“

1. Sponsor
2. Strategischer Auftrag
3. Lernprozess
4. Teilnehmerauswahl
5. Lernteams bilden
6. Coaching
7. Hinwendung zum Thema
8. Datensammlung
9. Datenanalyse
10. Präsentation des Entwurfs
11. Präsentation
12. Auswertung

Die Aufzählung dieser Elemente beginnt mit der Rolle des Sponsors als Startpunkt und fokussiert dann auf die Prozessebene. Die Bedeutung eines Sponsors begründen Dotlich und Noel (1998, S. 16 f.) so:

„Ohne die Rückendeckung eines bedeutsamen Sponsors können Action-Learning-Programme nicht gelingen. Andere Trainings- und Managementprogramme können ohne eine solche Unterstützung oft jahrelang ungestört ablaufen. Diese Programme sind in

Organisationen und ganzen Industrien oft gut etabliert und erreichen festgelegte Ergebnisse. Sie können kontrolliert, vorhergesagt und gemessen werden."

Die Aufgabe des Sponsors ist es somit, politisch die Hand über das Action-Learning–Programm zu halten: „Sponsoren spielen eine kritische Rolle im gesamten Action-Learning-Prozess; und je mehr Einfluss sie haben, desto reibungsloser läuft der Prozess" (Dotlich & Noel, 1998, S. 17). Nach dieser Charakterisierung verwundert es nicht, dass die Autoren über die Idealbesetzung des Sponsors schreiben: „Wenn Sie der CEO oder ein Geschäftsführer (business head) sind, sind Sie der perfekte Sponsor" (Dotlich & Noel, 1998, S. 17).

Die Rolle des Sponsors spielt nach Auffassung der Autoren gerade unter Prozessgesichtspunkten eine wesentliche Rolle. Sie hat damit durchaus Ähnlichkeiten mit derjenigen des Clients bei anderen Autoren (z.B. Garratt, 1983; Inglis, 1994). Der Unterschied besteht vor allem darin, dass der Macht- und Hierarchieaspekt bei Dotlich und Noel noch stärker betont wird als bei anderen Autoren.

Neben diesen prozessorientierten Gesichtspunkten beschäftigen sich Dotlich und Noel (1998, S. 15) aber auch mit Ablaufcharakteristika und beschreiben diese wie folgt:

„Obwohl Action-Learning-Programme unterschiedliche Zeithorizonte und Strukturen haben können, umfassen sie alle eine bestimmte Abfolge von Workshops und Erfahrungen im Feld. Die Workshops sind so aufgebaut, dass sie die Teilnehmer mit Reflexion, Information und Werkzeugen versorgen.

Dabei können Gastredner eingeladen werden, die Informationen liefern, aber auch Vordenker, die schockieren und provozieren. Oft sind Coaches dabei, die die Teilnehmer dabei unterstützen, die Probleme, mit denen sie in ihren Projekten konfrontiert sind, zu verstehen und ihnen Werkzeuge geben, die es ihnen erleichtern, ihr

Projekt erfolgreich zu vollenden. Felderfahrungen reichen von Outdoor-Erfahrungen, die Teams helfen zusammen zu wachsen und gemeinsam zu arbeiten, bis hin zu Datenerhebungen und Team-Meetings.

Die in diesem Abschnitt angedeutete Rolle des Coaches ähnelt stark dem von anderen Autoren benützten Begriff des Set Advisers (z.B. Garratt, 1983; Inglis, 1994) bzw. dem des Facilitators (z.B. Marquardt, 1999; Rothwell, 1999). Mit unterschiedlichen Schwerpunkten liegen seine Aufgaben darin, den Projektfortschritt zu unterstützen, Lernen zu thematisieren und Teamentwicklung bzw. Gruppendynamik zu begleiten.

Ein prozessorientiertes Modell schlägt auch Rothwell (1999) mit seinen Schritten („Key Steps") vor, die er in einem so genannten Action-Learning-Modell (ALM) zusammenfasst (vgl. Abbildung 2.7).

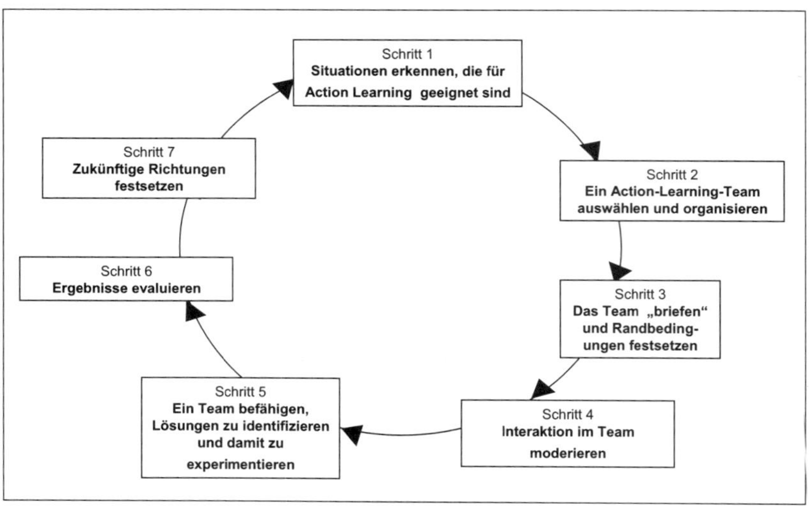

Abb. 2.7: Key Steps in Rothwells Action-Learning-Modell (nach Rothwell, 1999, S.12 ff.)

Rothwells Modell ist ähnlich wie das Framework von Dotlich und Noel prozessorientiert aufgebaut. Es greift aber in zweierlei Hinsicht kürzer: einerseits wird der strategische Auftrag (strategic mandate) und die Verankerung bei einem Machtaktor nicht beleuchtet, zum anderen wird eine Reflexion des Prozesses bzw. der eigenen Anteile nicht explizit thematisiert. Tatsächlich gibt es hier beträchtliche Unterschiede zwischen verschiedenen Action-Learning-Schulen, wie im nächsten Absatz noch genauer analysiert wird.

In diesem Abschnitt wurde dargestellt, welche Bestandteile Action Learning aus der Sicht verschiedener Autoren hat. Dabei wurden unterschiedliche Perspektiven thematisiert, nämlich diejenige der Rollen bzw. der Beteiligten, diejenige der Prozesse und diejenige des Programmdesigns (Aufbau- und Ablauforganisation). Zusammenfassend beziehen sich die Bestandteile von Action Learning darauf, aus welchen Elementen es besteht, in welchen Phasen es abläuft und welche Form gewählt wird. Im Kern gibt es hier zwischen den verschiedenen Schulen oder Richtungen durchaus viele Übereinstimmungen, obwohl es im Detail zweifellos auch viele Unterschiede gibt. Marsick & O'Neil (1999) weisen allerdings auch darauf hin, dass die Variation zwischen den einzelnen Programmen und Durchführenden mindestens so groß ist wie die zwischen den einzelnen Schulen. Uneinheitlich sind insbesondere die Terminologie und die Ausdifferenzierung (zum Beispiel der Rollen).

Zum Abschluss dieses Teils sollen die Bestandteile von Action Learning aufgeführt werden, soweit sie bisher besprochen wurden. Dies betrifft die Hauptrollen, Prozessbestandteile, strukturellen Merkmale des Ablaufs und Formen des Sets. Für die Rollen gilt, dass die in den einzelnen Beschreibungen der Literatur zum Teil unscharfen oder deutlich überlappenden Begriffe zugunsten einer größeren Rollenklarheit präzisiert oder zusammengefasst worden sind.

Die Hauptrollen in einem Action-Learning-Programm sind demnach:

- *Der Sponsor*, der die notwendige Positionsmacht besitzt, um Action Learning den Rücken zu stärken.
- *Der Client*, der als Kunde an der Implementierung von Ergebnissen unmittelbar interessiert ist. Die Rollen Sponsor und Client können im Einzelfall durchaus von einer Person wahrgenommen werden.
- *Das Set*, die Gruppe von ca. 6 Teilnehmern, die die Action-Learning-Aufgabe bearbeiten.
- *Der einzelne Teilnehmer*, der unterschiedliche Bezüge zum Projekt haben kann, je nachdem ob es z.B. den eigenen Job bzw. die eigene Organisation betrifft oder nicht.
- *Der Tutor*, der von außen oder aus der Organisation Fachbeiträge einbringt.
- Der *Set Adviser, Coach* oder *Facilitator*, der
  - das Lernen fördert,
  - die Gruppendynamik adressiert und
  - den Projektfortschritt begleitet.

Prozessbestandteile im Action Learning sind:

- Die Identifikation des Problems
- Die Zusammensetzung und Beauftragung des Action-Learning-Teams
- Die Sammlung und Analyse von Daten
- Die Erprobung von Lösungen
- Die Rückmeldung von (Zwischen-)Ergebnissen
- Die Implementierung in der Breite
- Die Reflexion der Lernfortschritte, Vorgehensweisen und Ergebnisse

Auf der Ebene des Programm-Designs, bzw. der Gestaltungsmerkmale kann unterschieden werden zwischen strukturellen Merkmalen des Ablaufs und Formen des Sets.

Strukturelle Merkmale des Ablaufs:

- Set Meetings
- Workshops
  - Start-up-Workshop
  - Zwischen-Workshops
  - Abschluss-Workshop

Formen des Sets:

- Projekt aus der eigenen Aufgabe vs. Projekt aus einer fremden Aufgabe
- Projekt in der eigenen Organisation vs. Projekt in einer anderen Organisation (oder einem anderen Organisationsteil)
- Ein gemeinsames Projekt für das Team vs. jeder Teilnehmer hat sein eigenes Projekt
- Vollzeit-Action-Learning vs. Teilzeit-Action-Learning

Diese Zusammenstellung aus der Action-Learning-Literatur liefert wiederum Kriterien, um Action-Learning-Programme zu analysieren. Weitere Kriterien werden im folgenden Abschnitt über Action-Learning-Schulen dazukommen.

2.4. Action-Learning-Schulen – der Aspekt des Lernens im Action Learning

Der Begriff „Action-Learning-Schulen" taucht in der angelsächsischen Literatur hin und wieder auf und bezieht sich auf unterschiedliche Richtungen oder Ausprägungen des Action Learning. Eine solche Einteilung von Action-Learning-Schulen wird von

Marsick & O'Neil (1999) vorgenommen. Die Richtungen unterscheiden sich darin, wie der Aspekt des Lernens verstanden und thematisiert wird.

Um diesen zweifellos zentralen Aspekt von Action Learning zu erfassen, benennen die Autorinnen vier verschiedene Schulen (S. 161):

- Tacit School
- Scientific School
- Experiential School
- Critical Reflection School

Die erste Schule geht davon aus, dass Lernen implizit in einem ungesteuerten Prozess erfolgt. Die drei letztgenannten Schulen hingegen setzen sich mit dem Vorgang des Lernens explizit auseinander und werden von den Autorinnen systematisch einander gegenübergestellt.

Auf den ersten Blick zeigen sich viele Gemeinsamkeiten. Gerade bezüglich des Lernens gibt es allerdings auch wesentliche Unterschiede, sowohl, was die Explizitheit des Lernens angeht, als auch den Umfang dessen, was reflektiert und als lernrelevant angesehen wird. Tabelle 2.2 gibt eine Übersicht über das Vorgehen der drei Schulen, das im Folgenden ausführlicher beschrieben werden soll.

2.4.1. Tacit School

Die so genannte Tacit School nimmt gegenüber den anderen dreien eine Sonderstellung ein, weil nach ihrer Auffassung Lernen bei der Arbeit an Problemen von selbst stattfindet.

Mumford (1994) bezeichnet dies auch als den intuitiven Ansatz. Lernen in dieser Sicht ist sozusagen eine unvermeidliche Konsequenz von Erfahrung. Lern- und Entwicklungsaspekte werden daher kaum explizit thematisiert:

„Diejenigen, die ihr Vertrauen in den intuitiven Zugang zum Lernen als einen "natürlichen", mühelosen Prozess setzen, finden es schwierig zu akzeptieren, dass Vorteile daraus gewonnen werden können, den Prozess für sich selbst oder für andere expliziter, überlegter und bewusster zu machen." (Mumford, 1994, S. 5)

Marsick & O'Neil (1999, S. 160) schreiben daher:

„In der impliziten Schule wird erwartet, dass Menschen beiläufig lernen, wenn sie an echten Problemen arbeiten. Die Programme von General Electric sind repräsentativ für diese Denkrichtung. … Lernen aus Erfahrung ist nicht so ausdrücklich in dem Programm vorgesehen, wie es in den anderen drei Schulen der Fall ist. Im Gegensatz dazu treten die anderen drei Schulen typischerweise für den Einsatz eines Lerncoaches und den bewussten Gebrauch von solchen Strategien ein, die Leuten helfen, aus ihrer Projektarbeit zu lernen."

Action-Learning-Programme, die dieser Schule folgen, vertrauen daher sehr stark auf das implizite Lernen der Teilnehmer bei der Durchführung ihrer Action-Learning-Aufgabe und beschränken tendenziell die Auswertung und Reflexion des Tuns.

2.4.2. Scientific School

Als „Scientific School" wird diejenige Richtung bezeichnet, die sich an der Arbeit von Revans orientiert. Wissenschaftlich ist sein Ansatz im Sinne eines eher klassischen Verständnisses.

Marsick & O'Neil (1999) betonen, dass Revans das Action Learning als Problemlösemodell angelegt hat, in dem verschiedene Stufen, die so genannten Systeme Alpha, Beta und Gamma, durchlaufen werden.

Tab. 2.2: Vergleich der verschiedenen Action-Learning-Schulen (Ausschnitt aus Marsick & O'Neil, 1999, S. 171)

Kriterien	Scientific	Experiential	Critical Reflection
Philosophische Grundlage	Wissenschaftliche Methode, die wiederum die Grundlage für Aktionsforschung ist	Aktionsforschung und Kolbs Theorie des Erfahrungslernens	Aktionsforschung und „kritische" humanistische Ausrichtung
Absicht	Sich selbst und/oder das System verstehen und verändern durch Handeln und Reflexion des Handelns	Sich selbst im System verstehen und verändern durch Handeln und Reflexion des Handelns	Das Glaubenssystem verstehen und verändern, um sich selbst und/oder das System durch Handeln, Reflexion des Handelns und kritische Reflexion der Annahmen zu transformieren
Zeitrahmen der Veränderung	Mittel- und etwas langfristig	Mittel- und etwas langfristig	Mittel- und etwas langfristig
Tiefe der Veränderung	Instrumentell, interpersonell und manchmal systemisch	Instrumentell, intrapersonell und interpersonell	Instrumentell, intrapersonell, interpersonell und manchmal systemisch
Epistemologie	Problemlösen: untersuchen und verändern von stillschweigender Praxis	Problemlösen: Bewusstheit erhöhen und Fähigkeit entwickeln, stillschweigende Praxis zu verändern	Das Problem framen/ re-framen: Bewusstheit für Kräfte erhöhen, die die stillschweigende Praxis formen; die Fähigkeit entwickeln, diese Praxis zu verändern
Art des Diskurses	Rational: Sinn wird aus der Erfahrung abgeleitet	Rational: Sinn wird aus der Erfahrung abgeleitet	Rational und tendenziell emanzipatorisch: Sinn wird aus der Erfahrung abgeleitet und (konstruktiv) kritisiert
Ideologie	Beeinflusst von Überzeugungen der Teilnehmer und Betreuer	Beeinflusst von Überzeugungen der Teilnehmer und Betreuer	Beeinflusst von Überzeugungen der Teilnehmer und Betreuer
Methode	Zyklen von Problem-framing, Aktion, Reflexion der Aktion, Ziehen von Schlüssen, Reframing	Zyklen von Problem-framing, Aktion, Reflexion der Aktion, Ziehen von Schlüssen, Reframing	Zyklen von Problem-framing, Aktion, kritischer Reflexion der Aktion, Ziehen von Schlüssen, Reframing

Kriterien	Scientific	Experiential	Critical Reflection
Rolle des Faciliators	Unterschiedlich, aber oft passiv; handelt als Spiegel, um einzelnen und dem Team zu helfen, das Lernen zu betrachten	Unterschiedlich, aber oft passiv; handelt als Spiegel, um einzelnen und dem Team zu helfen, das Lernen zu betrachten	Unterschiedlich, aber oft stärker eingreifend, kombiniert passive Rolle mit aktivem Herausfordern
Persönliches Risiko	Hängt von der Sichtbarkeit der Projekte ab; politisches Risiko, wenn schlechte Einzel- oder Teamleistung	Hängt von der Sichtbarkeit der Projekte ab; politisches Risiko, wenn schlechte Einzel- oder Teamleistung	Hängt von der Sichtbarkeit der Projekte ab; politisches Risiko, wenn schlechte Einzel- oder Teamleistung; mögliches psychisches Risiko
Risiko für die Organisation	Mäßig, Unterstützung durch das Management auf verschiedenen Ebenen erforderlich	Mäßig, Unterstützung durch das Management auf verschiedenen Ebenen erforderlich	Mäßig bis hoch, Einbeziehen des Managements erforderlich
Einschätzung	Veränderung auf Individual-, Team- oder Systemebene, abhängig vom Fokus	Veränderung auf Indvidual-, Team- oder Systemebene, abhängig vom Fokus	Veränderung auf Indvidual-, Team- oder Systemebene, abhängig vom Fokus

Marsick & O'Neil (1999, S. 161 f.) schreiben, „ …Revans entwarf Action Learning als ein Problemlösemodell mit drei Stufen, die er als Systeme Alpha, Beta und Gamma bezeichnete… System Alpha ist analog zu einer Situationsanalyse aufzufassen. Die Lernenden müssen das System verstehen, in dem sich das Problem befindet. Dies schließt die Untersuchung folgender Punkte ein: die Natur des Wertesystems der Person und des Systems als Ganzes; das externe System, welches Entscheidungen, die getroffen werden müssen, beeinflusst; und das interne System, in dem der Manager arbeitet. System Alpha umfasst das strukturierte Wechselspiel dieser Komponenten bei der Problemdefinition."

System Alpha beinhaltet also die Datenanalyse und Problemdefinition, es geht darum, sich ein Verständnis auf verschiedenen Ebenen zu verschaffen, um das Problem zu strukturieren. Der Übergang zu System Beta ist dann fließend: „System Alpha überschneidet sich mit

System Beta, welches zum Aushandeln und Umsetzen einer Lösung führt." (Marsick & O'Neil, 1999, S. 162).

System Beta besteht aus einer strukturierten Abfolge von fünf Schritten und wird von Revans (1998, S. 16) als „wissenschaftliche Methode" bezeichnet:

„Die wissenschaftliche Methode – das intellektuelle Strukturieren von Erfahrung, um Herrschaft über die Welt zu erreichen – besteht aus fünf Schritten:

- Beobachtung oder Befragung: Sammeln und Strukturieren von Berichten darüber, was abzulaufen scheint
- Theorie oder Hypothese: kausale Beziehungen zwischen diesen Ereignissen vorschlagen
- Test oder Experiment: Aktivitäten ausführen, abhängig von diesen kausalen Beziehungen
- Überprüfung oder Rückblick / Audit oder Review: fragen, ob diese Aktivitäten verlaufen wie erwartet
- Auswertung oder Kontrolle / Review oder Kontrolle: Verwerfen, Verändern oder Akzeptieren der kausalen Beziehungen."

System Gamma schließlich verweist auf die mentale Seite des Managers, der in der Situation spezifische Lernchancen hat. Marsick & O'Neil (1999, S. 162) geben folgende Definition:

„System Gamma bezieht sich auf die mentale Prädisposition, die der Manager in die Situation mitbringt. Der Manager gleicht ständig seine Erwartungen davon, was geschehen sollte, mit dem ab, was tatsächlich geschieht. Insoweit er dazu in der Lage ist, die Unterschiede zu identifizieren zwischen dem, wovon er zuerst glaubte, es sei der Fall, und dem, wovon die Erfahrung nahe legt, dass es tatsächlich der Fall war, und soweit er in der Lage ist, seine Wahrnehmung entsprechend zu verändern, können wir sagen, dass der Manager lernt."

Zusammenfassend betonen die Autorinnen, dass diese Schule von Action Learning große Gemeinsamkeiten mit Aktionsforschung aufweist, allerdings mit einer weitaus größeren Betonung des Lernens, wie sie in der Lerngleichung von Revans zum Ausdruck kommt .

2.4.3. Experiential School

Diese Richtung des Action Learning, die man im Deutschen als „erfahrungsorientiert" bezeichnen könnte, zeichnet sich dadurch aus, dass sie sich auf Kolbs „Zyklus des Erfahrungslernens" bezieht (Marsick & O'Neil, 1999, S. 162).

Die grundlegende Fragestellung bei den Anhängern dieser Schule ist: „Wie lernen speziell Erwachsene eigentlich?" (Inglis, 1994, S. 14). Die Antwort – „aus Erfahrung" - ist zunächst fast trivial und führt dann zu weiteren Überlegungen (Inglis, 1994, S. 14): „Für die meisten von uns ist Erfahrung etwas, das in der Vergangenheit geschehen ist und aus dem wir gelernt haben mögen, auch wenn wir uns des Lernens zu der Zeit nicht bewusst waren. Lernen aus Erfahrung kann planlos sein, voller verlorener Gelegenheiten."

Der Autor trifft zwei Kernaussagen: Erstens, die Praxisumgebung des Managers ist für Lernen nicht unbedingt günstig. Zweitens, wenn Praxislernen schon stattfindet (und in irgendeiner unsystematischen Form findet es vermutlich immer statt), wird es kaum als solches identifiziert und schon gar nicht als Chance gesehen.

Dies führt zu einer programmatischen Aufforderung, Methoden des Erwachsenenlernens zu nutzen und gezielt Lernschleifen zu implementieren: „wenn wir wissen, wie wir aus Erfahrung lernen, sollten wir in der Lage sein, proaktiv zu werden und planen, methodisch aus den Erfahrungen zu lernen, die wir im Begriff sind zu machen" (Inglis, 1994, S. 14).

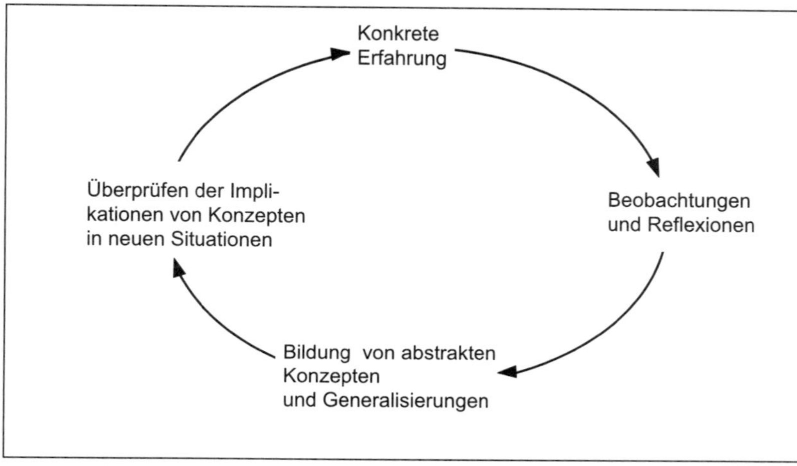

Abb. 2.8: Kolbs Lernzyklus (zitiert nach Inglis, 1994, S. 15)

Als methodische Grundlage dazu wird David Kolbs (1984) vierstufiger Lernzyklus genutzt und beschrieben (vgl. Abbildung 2.8):

1. Wir starten damit, eine Erfahrung im Hier und Jetzt zu machen.
2. Wir denken über diese Erfahrung nach und verknüpfen sie dadurch mit Daten und Erinnerungen an frühere ähnliche oder damit verbundene Erfahrungen – das heißt wir grübeln hin und her.
3. Wir denken weiter über die Erfahrung nach, machen jetzt aber Generalisierungen, d.h. wir fügen die Ergebnisse in unsere persönliche Sicht der Wirklichkeit ein.
4. Wir testen unsere Schlüsse, indem wir das nächste Mal, wenn ein ähnliches Muster von Umständen auftritt, auf veränderte Weise vorgehen. (zitiert nach Inglis, 1994, S. 14)

Mumford (1994) extrahiert in seiner Analyse des Lernverhaltens von Direktoren unterschiedlicher Institutionen verschiedene Ansätze des „Lernens aus Erfahrung". In diesem Zusammenhang sind insbesondere der retrospektive und der prospektive Ansatz von Interesse.

Beim retrospektiven Ansatz des Erfahrungslernens werden in der Auswertung der Ereignisse Schlüsse gezogen. Ähnlich wie beim inzidentellen Ansatz sind Fehler und Pannen Auslöser des Lernens. Zusätzlich werden jedoch auch normale Abläufe und Erfolge ausgewertet. Lernen findet nach Mumford (1994) also durch eine Vielzahl großer und kleiner positiver und negativer Erfahrungen statt.

„Menschen, die den retrospektiven Ansatz nutzen, führen Auswertungen durch, manchmal in ihren Köpfen, manchmal im Gespräch und manchmal auf dem Papier... Das Ergebnis im retrospektiven Zugang ist, dass Schlussfolgerungen bewusst gezogen werden. Ein Individuum erwirbt durch Auswerten Wissen, Fähigkeiten und Einsichten oder bekommt sie bestätigt und verstärkt.“ (Mumford, 1994, S. 6)

Der Ablauf beim retrospektiven Ansatz ist typischerweise folgender:

1. Etwas ist passiert
2. Es wird ausgewertet
3. Schlüsse werden gezogen (Mumford, 1994, S. 6)

Typische Sätze von Managern, die diesen Ansatz verwenden, sind zum Beispiel: „Auswerten ist wesentlich, um die Dinge ins rechte Licht zu rücken." oder „ Man versteht erst etwas wirklich, wenn man es aufschreibt." (Mumford, 1994, S. 6).

Der prospektive Ansatz hingegen enthält alle Elemente des retrospektiven, erweitert um eine zusätzliche Dimension: Während sich retrospektives Lernen auf Auswertung nach Ablauf von Ereignissen beschränkt, beinhaltet der prospektive Ansatz eine explizite Lernplanung bevor die Erfahrung stattfindet:

„Zukünftige Ereignisse werden nicht nur als Dinge gesehen, die getan werden müssen und deswegen wichtig sind, sondern auch als

Gelegenheiten zu lernen. Menschen, die diesen Zugang nutzen, sind Ausschau haltende Lerner, die ihre Antennen beständig auf die Möglichkeit eingestellt haben, aus einer ganzen Vielfalt von Erfahrungen zu lernen. (Mumford, 1994, S. 6)

Natürlich besteht mit einer Planung immer die Gefahr, dass die Ereignisse einen anderen Verlauf nehmen und die geplanten Lernchancen nicht eintreten:

„In einer konkreten Situation mag das, was jemand zu lernen erwartete, sich tatsächlich nicht ganz so einstellen wie geplant. Aber der Prozess, im Voraus über Lernen nachzudenken, macht es wahrscheinlicher, dass man eher etwas aus der Situation lernt, als leer auszugehen.“ (Mumford, 1994, S. 6)

Durch die Lernplanung im prospektiven Ansatz, so die Annahme, ist die Wahrscheinlichkeit groß, dass Lernrelevantes „abfällt“, selbst wenn die geplanten Lernereignisse anders eintreten als geplant. Der idealtypische Ablauf für prospektives Lernen sieht nach Mumford (1994, S. 6) folgendermaßen aus:

1. Plane zu lernen
2. Setze den Plan um
3. Werte den Plan aus
4. Ziehe Schlussfolgerungen

Beschreibungen für prospektives Lernen aus Sicht der Manager, die an der Untersuchung teilgenommen haben, sind dann zum Beispiel Folgende: „Wenn man Dinge erledigen will, aber auch wenn man aus dem Tun lernen möchte, gibt es keinen Ersatz für sorgfältige Planung." (Mumford, 1994, S. 6). Es wird deutlich, dass insbesondere der letzte Ansatz (prospective learning) den Anforderungen von Action Learning in dieser Schule in vollem Umfang entspricht, gerade auch, wenn man bedenkt, dass prospektives Lernen retrospektives Lernen mit beinhaltet. Der Ablauf für prospektives Lernen kann daher aus Sicht dieser Schule als Ergänzung zu Kolbs Lernzyklus angesehen werden.

Marsick und O'Neil (1999, S. 162 f.) betonen auch den Aspekt, Lernen systematisch zu fördern, als wesentliches Element für diese Action-Learning-Richtung:

„Lernen ist der Grund für das Action-Learning-Treffen. Legitimität und Formalisierung von Begegnungen über einen längeren Zeitraum mit beständiger Teammitgliedschaft – ebenso wie explizite Diskussion von Lernprozessen und Erfolgen – dienen dazu, die Lernintention zu verstärken... Action-Learning-Programme helfen, die Fähigkeit zu erlernen, wie man auf unterschiedliche Weise lernt. Beispielsweise ist Zeit für Lernauswertungen in jedem Treffen eingeplant, Set-Mitglieder werten die Projekte aus, ihren eigenen Lernprozess, und relevante Themen, die aus der Gruppendynamik und der Arbeit von anderen entstehen. Teilnehmer könnten Lerntagebücher führen oder persönliche Entwicklungspläne und Lernvereinbarungen abschließen."

Die Anhänger dieser Richtung erkennen auch die Lerngleichung von Revans (L = P + Q) an, in der Lernen als Addition von „programmed learning", dem „Buchwissen" und „questioning insight" und der Einsicht durch Exploration verstanden wird. Einige Autoren haben die Gleichung weiterentwickelt um den wesentlichen Aspekt der Implementierung, aber auch der Differenzierung von Q: „Inglis fügt der Gleichung von Revans 'Implementierung' (I) hinzu (L = P + Q + I), weil Aktionen durchgeführt und nicht nur empfohlen werden sollen. Mumford sieht mehr als eine Gelegenheit zur Exploration ("questioning") und hat daher die Gleichung folgendermaßen modifiziert: Q(1) + P + Q(2) = L." (Marsick & O'Neil, 1999, S. 163). Ein Managementproblem Q(1) führt zu Suche und Erwerb von Wissen (P). Dieses Wissen wiederum stimuliert neue Fragen Q(2) usw.

Die erfahrungsorientierte Schule zeichnet sich also dadurch aus, dass Lernen durch Praxis nicht als selbstverständlich ausreichend angesehen wird, sondern in der Anlage eines Action-Learning-Programms gezielt Bedingungen geschaffen werden, die Lernen unterstützen.

2.4.4. Critical Reflection School

Diese Schule bestätigt die Nützlichkeit der Vorgehensweisen, die die erfahrungsorientierte Schule anwendet, empfiehlt aber noch weiter zu gehen. Marsick & O'Neil (1999, S. 163) schreiben hierzu: „Die Action-Learning-Schule der kritischen Reflexion hält Reflexion, wie sie die erfahrungsorientierte Schule durchführt, zwar für nützlich, aber nicht für ausreichend".

Kritische Reflexion zielt auf das Hinterfragen von handlungssteuernden Annahmen und Glaubenssätzen. Die Anhänger der Critical Reflection School sind der Überzeugung: „Teilnehmer am Action Learning sollten auch solche Annahmen und Glaubenssätze reflektieren, die ihre Praxis prägen." (Marsick & O'Neil, 1999, S. 163).

Dies verlagert den Fokus von der äußeren auf die innere Welt. Weinstein (1995, S. 53) führt dazu aus:

„Zusätzlich zum Erinnern und Reflektieren unseres Handelns gibt es ein „inneres" Erfahren. Dies hat mehr mit unseren Gefühlen und inneren Gedanken zu tun, die auch beteiligt sind, wenn wir wirklich etwas lernen und verändern sollen. Unserem eigenen Unwissen ins Auge sehen und die Tatsache eingestehen, dass wir nicht wissen. Vielleicht sogar die Angst eingestehen, die das verursacht und wie wir es deswegen zudecken durch lautes Getöse, Agression oder dadurch, dass wir still bleiben."

Wenn man sich im Action Learning auf kritische Reflexion einlässt, ist es möglich, bis an die Wurzeln eines Problems vorzudringen und dabei auch persönliche Muster und Wahrnehmungsfilter zu hinterfragen und diese evtl. sogar im Sinne einer Transformation zu verändern:

„Sich Zeit zu nehmen um zu reflektieren kann sehr wirksam sein, und kritische Reflexion kann sogar noch wirksamer sein, weil die Aufmerksamkeit auf die Wurzel des Problems gerichtet wird... Menschen erkennen, dass ihre Wahrnehmungen vielleicht getrübt sind, weil sie durch ungeprüfte Sichtweisen, Glaubensweisen, Einstellungen und Gefühle gefiltert werden, die von Familie, Schule und Gesellschaft übernommen worden sind. Getrübte Wahrnehmungen verzerren unser Verstehen von Problemen und Situationen.“ (Marsick & O'Neil, 1999, S. 163)

Weinstein (1995, S. 53) unterstützt dies, wenn sie betont: „Nur indem wir unsere inneren Erfahrungen angehen, beginnen wir, den vollen Wert von Action Learning zu realisieren und sein Potential zu nutzen.“

Für Führungskräfte ist eine solche Reflexion schon deswegen von Bedeutung, weil sie durch ihre Aufgabe in eine Vielzahl von Rollendilemmata geraten. Neuberger (1995a) spricht von der „inneren Zwiespältigkeit des Führens“ und geht davon aus, dass „Vorgesetzte notwendig in Widersprüchen leben müssen, aus denen es keinen eindeutigen und gesicherten Ausweg gibt“ (Neuberger, 1995a, S. 90). Bezüge zur kritischen Reflexion können auch etwa im „double-loop“-Modell des Lernens gesehen werden, welches einen Zugang zu mentalen Abwehrstrategien ermöglicht (Argyris, 1997, S. 59; Argyris & Schön, 1974).

Gerade der Gesichtspunkt der Abwehr macht verständlich, warum Marsick & O'Neil (1999) die Rolle des Facilitators bei diesem Verständnis von Action Learning nicht mehr rein passiv sehen, sondern „aktives Konfrontieren“ fordern. Auch Weinstein (1995) argumentiert in diesem Sinne und Heron (2002) gibt eine Vielzahl nützlicher Hinweise zur Intervention.

In Bezug auf Prozess und Ergebnisse der Critical Reflection School des Action Learning können nunmehr verschiedene Aspekte unterschieden werden. Ein Aspekt betrifft das persönliche Involviertsein und die Auseinandersetzung mit eigenen Werten und Mustern, die durchaus auch schmerzlich sein kann:

„Teilnehmer überprüfen, was sie glauben und wertschätzen, und wie sie sich verändern und bewegen. Sie gewinnen dadurch ein besseres Verständnis ihrer eigenen Innensicht. ... Wenn kritische Reflexion geschieht, kann der Prozess zutiefst verstörend sein für diejenigen, die bestehende Strukturen, Festlegungen oder Glaubensüberzeugungen nicht verändern wollen.“ (Marsick & O’Neil, 1999, S. 163)

Ein zweiter Aspekt richtet sich auf das Problemverständnis und die Erweiterung der eigenen begrenzten Perspektive durch kritische Reflexion:

„Teilnehmer …stellen die Logik in Frage, die ihren Handlungen zu Grunde liegt und … betrachten Probleme aus mehreren Perspektiven. Eine Umformulierung des aufgetretenen Problems findet statt, wenn Menschen Missverständnisse, Normen und Erwartungen aufdecken, die bislang verborgen waren. (Marsick & O’Neil, 1999, S. 163)

Ein dritter Aspekt schließlich zielt über die persönliche Betroffenheit und die Veränderung des Problemverständnisses hinaus, indem die Organisation und ihre Normen selbst thematisiert werden:

„Kritische Reflexion kann über die grundlegenden Annahmen des einzelnen Teilnehmers hinausgehen und kann auch speziell zur Untersuchung von Normen der Organisation führen” (Marsick & O’Neil, 1999, S. 163). Dies betrifft dann auch z.B. Aspekte der Macht und Mikropolitik (Neuberger, 1995b).

Die Diskussion der Schulen macht deutlich, welche Gemeinsamkeiten und Unterschiede bestehen. Die Gemeinsamkeiten betreffen eher die formale Struktur und Anlage der Programme, während die

Unterschiede ganz wesentlich mit Gegenstand, Ausmaß und Stellenwert der Reflexion zu tun haben. In den stärker reflektierend ausgerichteten Schulen wird nicht nur das eigentliche Problem adressiert, sondern auch der Problemlöseprozess und der Problemlöser selbst.

Mögliche Unterschiede im Verständnis von Action Learning werden daher in der Analyse der Praxisbeispiele in die Betrachtung einbezogen werden.

2.5. Projektmanagement im Action Learning

Dieser Abschnitt der Literaturauswertung betrifft einen überraschenden Mangel: In der Literatur zum Thema Action Learning wird häufig von „Projekten“ gesprochen. Es wird aber kaum ein expliziter Rückgriff auf das methodische (ergebnisorientierte) Vorgehen im Projektmanagement genommen, sondern fast ausschließlich der Lern- und Reflexionsaspekt thematisiert (vgl. dazu z.B. Weinstein, 1995). Stärker problematisiert wird das Thema in den Fallbeispielen, die in dem von Boshyk (2000) herausgegebenen Band referiert werden, allerdings auch hier kaum von der methodischen Seite aus. Revans (1989, S. 91 f.) grenzt sich sogar ausdrücklich gegenüber Projektarbeit ab, obwohl in seinem methodischen Ansatz durchaus Übereinstimmungen mit Vorgehensweisen des klassischen Projektmanagements zu finden sind, z.B. die Situationsanalyse zu Beginn und ganz generell die Arbeitsphasen im Action Learning (S. 16 ff.).

In Action-Learning-Programmen, die in der Unternehmenspraxis durchgeführt werden finden hingegen durchaus Verknüpfungen mit Projektmanagement statt, sowohl im Design der Programme selbst, als auch durch die Reaktion der Teilnehmer, wenn sie Action Learning mit ihrer Alltagserfahrung verbinden.

In diesem Abschnitt soll daher ein Bezug zwischen Action Learning und Projektmanagement hergestellt werden, um auszuloten, in wie weit im Projektmanagement entwickelte Methoden und Denkrahmen eine sinnvolle Ergänzung für Action Learning darstellen können.

Dazu werden drei Ansatzpunkte, die in Action-Learning-Programmen vorkommen, diskutiert:

1. Klassisches Projektmanagement und Action Learning
2. Prozessorientiertes Projektmanagement in Veränderungsprojekten und
3. Durchbruchsstrategie des Projektmanagements

2.5.1. Klassisches Projektmanagement

Die DIN-Begriffsnorm 69901 definiert ein Projekt sehr allgemein als ein Vorhaben, das gekennzeichnet ist durch:

- eine Zielvorgabe
- zeitliche, finanzielle, personelle und andere Begrenzungen
- Abgrenzung gegenüber anderen Vorhaben
- eine projektspezifische Organisation

Hörbst (o.J.) nennt dementsprechend als Merkmale eines Projekts ein vorgegebenes Ziel, begrenzte Ressourcen und einen definierten Endtermin und fügt folgende Qualitäten hinzu: Einmalig, komplex, risikoreich, dynamisch, interdisziplinär. Die Komponenten des Projektmanagements sind in Abbildung 2.9 dargestellt.

Entsprechend dieser Aufstellung lässt sich überprüfen, ob Action-Learning-Projekte eine formale Struktur besitzen, wie sie im Projektmanagement entwickelt wurde, und ob Vorgehensweisen hinsichtlich Zielsetzung, Planung und Steuerung genutzt werden, wie sie in Projekten üblich sind.

Aufbauorganisation
- Projektfunktion
- Projektorganisation

Ablauforganisation/ Meilenstein und Phasen
- Phasenorganisation
- Meilensteintrendanalyse

Projektzielsetzung
- Projektziele
- Requirements

Projektplanung
- Strukturplanung
- Aufwandsschätzung
- Ablaufplanung
- Terminplanung

Projektsteuerung und -überwachung
- Berichtswesen
- Steuerungsmaßnahmen

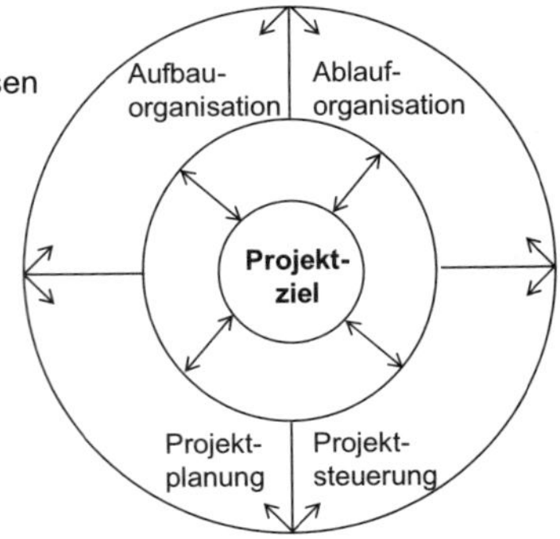

Abb. 2.9: Komponenten des Projektmanagements (Hörbst, o.J.)

2.5.2. Prozessorientiertes Projektmanagement

Doppler & Lauterburg (1994, S. 13) verstehen ihr Buch „Change Management“ als „methodische Anleitung ... für das praktische Vorgehen in konkreten Projekten“. Für solche Veränderungsprojekte definieren sie einige Prinzipien, zu denen auch die prozessorientierte Steuerung gehört (vgl. Abbildung 2.10).

Prinzipien des Change Managements

- Zielorientiertes Management
- Keine Maßnahme ohne Diagnose
- Ganzheitliches Denken und Handeln
- Von „außen nach innen“
- Beteiligung der Betroffenen
- Hilfe zur Selbsthilfe
- Prozessorientierte Steuerung
- Sorgfältige Auswahl der Schlüsselpersonen

Abb. 2.10: Prinzipien des Change Managements (nach Doppler & Lauterburg, 1994, S. 129 ff.)

In der Darstellung ihres Ansatzes führen Doppler & Lauterburg (1994) aus, worin das Besondere der Prozessorientierung im Projektmanagement liegt (vgl. Abbildung 2.11):

„Prozessorientiertes Projektmanagement unterscheidet sich in wesentlichen Punkten von konventionellen technokratischen Modellen. Der Hauptunterschied liegt in der ganzheitlichen Betrachtungs- und Vorgehensweise oder, anders ausgedrückt, im Berücksichtigen der *strategischen und politischen Dimension von Projektarbeit.* Ein Projektleiter, der glaubt, es genüge, methodisch „sauber" vorzugehen, um ein großes, komplexes Projekt zum Erfolg zu führen, handelt blauäugig und verschleudert letztlich in gewaltigem Umfang kostbare Ressourcen seines Unternehmens. Zwei Aspekte, über die herkömmliche Handbücher sich von vorneherein ausschweigen, entscheiden nämlich weitgehend über den Verlauf der Projektarbeit: die *Dynamik* und die *Vernetzungen."* (Doppler & Lauterburg, 1994, S. 187)

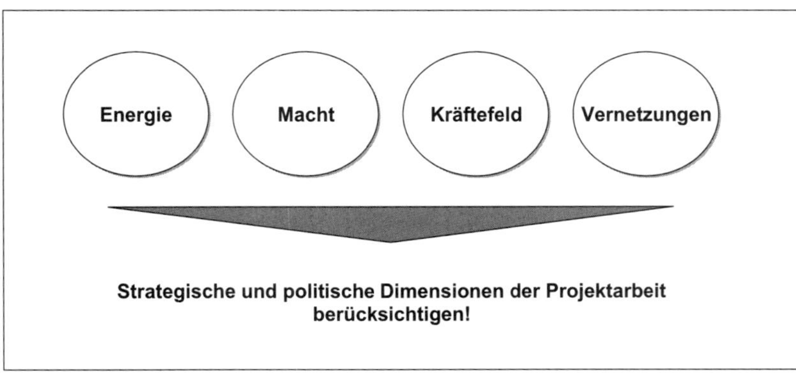

Abb. 2.11: Prozessorientiertes Projektmanagement (nach Doppler & Lauterburg, 1994, S. 187 ff.)

Zur Konkretisierung wird von den Autoren eine Checkliste Projektarbeit vorgelegt, die die wesentlichen Anforderungen an prozessorientierte Projektarbeit enthält. Derjenige Teil, der von den Autoren als entscheidend für den Projektverlauf bezeichnet wird, wird in Abbildung 2.12 wiedergegeben werden.

Checkliste Projektarbeit
Für den Projektverlauf entscheidende Faktoren

- Leitlinien der Projektarbeit
- Projektorganisation
- Entscheidungsstruktur
- Kraftfeldanalyse
- Projekt-"Unterwelt"
- Topographie des Projektes
- Projektsupervision und Teamwartung

Abb. 2.12: Checkliste Projektarbeit - Für den Projektverlauf entscheidende Faktoren (nach Doppler & Lauterburg, 1994, S. 189)

Leitlinien der Projektarbeit meint Spielregeln, die ggf. eingeklagt werden können, mindestens aber eine Orientierung über Aspekte wie „Betroffene beteiligen", „offene Information für alle" usw. geben. Bezüglich der Projektorganisation wird vorgeschlagen, im Pflichtenheft neben üblichen Inhalten - wie Ziele, Aufgaben und Tätigkeiten, Erfolgskriterien und Vorgehensschritten - auch Zeitpuffer für Turbulenzen im Projektteam und Projektumfeld einzuplanen.

Während Projektorganisation und Entscheidungsstruktur so weitgehend auch im klassischen Projektmanagement gefunden werden können, wird die ganzheitliche Sicht bei den vier letzten Punkten der Checkliste deutlich. Die auf Lewin zurückgehende Kraftfeldanalyse erfasst als heuristisches Instrument gleichzeitig „die innere Haltung aller vom Projektthema berührten Interessengruppen" (Doppler &

Lauterburg, 1994, S. 199), um sie als Steuerungsinformation für die Umsetzung der Projektergebnisse zu nutzen.

Die Projektunterwelt bezieht sich auf die „verdeckte Dimension": „Die Leitfrage lautet: Was spielt sich bei diesem Projekt alles unter der Decke ab?" (Doppler & Lauterburg, 1994, S. 199). Dies bezieht sich beispielsweise auf verdeckte Ziele, Tabus und sachfremde Interessen.

Die Topographie des Projekts als graphische Darstellung der bisherigen Informationen aus Kraftfeld und Projektunterwelt lässt Aspekte deutlich werden wie Vernetzung mit anderen Themen und Projekten, projektrelevante Umwelten und Rahmenbedingungen, um weitere Chancen und Gefahren für das Projekt zu erkennen.

Projektsupervision und Teamwartung in regelmäßigen Abständen und bei Bedarf auch darüber hinaus, stellt in Form einer Auswertung der bisherigen Arbeit eine Überprüfung dar, inwieweit sich das Team auf dem richtigen Weg befindet. Dieser Aspekt schließlich hat engen Bezug zu den Reflexionsschleifen im Action Learning.

2.5.3. Schaffers Breakthrough Strategy

Ein wichtiger Ausgangspunkt der Kritik am klassischen Projektmanagement ist das Scheitern vieler Projekte, welches mit der „traditionellen Methode des Projektmanagements" (Matta & Ashkenas, 2004, S. 75) bzw. den „weithin anerkannten Prinzipien des Projektmanagements" (Kühl, Matthiesen & Schnelle, 2005, S. 22) unmittelbar zusammenhänge.

Die Breakthrough Strategy von Schaffer (vgl. Hauser, 2004; Schaffer, 1988, 1997; Schaffer & Thomson, 1992) entstand demgegenüber aus der Analyse erfolgreich bewältigter Unternehmenskrisen. Schwere Krisen, so die Beobachtung, werden dann bewältigt, wenn sofort diejenigen Maßnahmen ergriffen werden, die zum gewünschten Ergebnis führen. Genau diese Mechanismen der raschen Umsetzung nutzt Schaffer (1988) für seinen Projektansatz:

„Die Durchbruchsstrategie setzt einen schrittweisen Lernprozess in Bewegung, der sich durch alle Bereiche einer Organisation durchzieht und selbst Kunden und Lieferanten umfassen kann. … Die Menschen arbeiten an dem, was sie sofort bereit und fähig sind zu tun. Mit jedem neuen Projekt erweitern Manager … ihre Fähigkeit, Experten und technologische Innovationen zu nutzen, um Fortschritte zu erzielen.“ (Schaffer, 1988, S. 179)

Einige Faktoren bewirken, dass Krisen zu einer dramatisch erhöhten Leistungsfähigkeit der Organisation führen. Diese werden von Schaffer (1988) als die Energiefaktoren („Zest Factors“) bezeichnet (vgl. Abbildung 2.13).

Die Energiefaktoren

Warum führen Krisen zu dramatisch besserer Leistung?

- Gefühl der Dringlichkeit
- Eine Herausforderung
- Erfolg ist nah und klar
- Menschen arbeiten zusammen – ein neuer „Esprit“
- Stolz auf Leistung
- Angst vor einem Fehlschlag
- Aufregend, neuartig, wie ein Spiel
- Menschen experimentieren und handeln unbürokratisch

Abb. 2.13: Die Energiefaktoren (nach Schaffer, 1988, S. 55)

Abgesehen von bedrohlichen Krisen wird in großen Unternehmen aber oft ganz anders vorgegangen. Schaffer (1988, 1997) identifiziert eine ganze Anzahl von Barrieren, die Leistung verhindern und den Energiefaktoren entgegenwirken (vgl. Abbildung 2.14).

Barrieren gegen Leistungsverbesserung

- Hindernis 1: Psychologische Kurzsichtigkeit
  Tendenz, die Welt auf eine Art zu sehen, die psychologisch angenehm und persönlich beruhigend ist
- Hindernis 2: Unproduktive Arbeitsmuster
  Tendenz, seine Aktivitäten so zu gestalten, dass man mit vertrauten Routinen beschäftigt bleibt und angsterregende Herausforderungen vermeidet
- Hindernis 3: Geringe Leistungserwartung
  Risiko vermeiden, indem man von Untergebenen weniger fordert als tatsächlich möglich ist oder ihnen gestattet, sich echten Verpflichtungen und Konsequenzen zu entziehen
- Hindernis 4: Mangel an Management-Disziplin
  Tendenz , locker, nachlässig oder zynisch mit Abläufen der Arbeitsplanung, -messung und –kontrolle umzugehen
- Hindernis 5: Unsichtbare Verschwörung – die Kehrseite der Unternehmenskultur
  Das einzigartige Gewirr von hemmenden Mustern, die durch formale und informelle institutionelle Mechanismen verstärkt werden

Abb. 2.14: Barrieren gegen Leistungsverbesserung (nach Schaffer, 1988, S. 16)

Der zentrale Punkt in Schaffers (1988) kritischer Argumentation, warum Projekte zur Leistungssteigerung oft scheitern, ist das Vorgehen in Organisationen, wenn es um grundlegende Veränderungen geht:

1. Es werden zunächst ausgiebig Analysen, Studien und Debatten durchgeführt, bis man sich auf einige Ziele geeinigt hat, dann werden
2. umfassende Pläne erstellt, um diese Ziele zu erreichen, und erst dann
3. beginnt man mit der Ausführung und Umsetzung – sofern das Projekt bis dahin noch existiert…

Die ersten Schritte bei Veränderungen und Verbesserungen sind also Vorbereitung und Planung. Es werden umfangreiche Analysen durchgeführt, man schult Mitarbeiter und entwickelt groß angelegte Kommunikationsprogramme.

Hinter der sorgfältigen Vorbereitung steckt die Vorstellung, dass erst ein sicheres Fundament gelegt werden muss, bevor Ergebnisse erzielt werden können. Dieses Vorgehen hat jedoch einen deutlichen Nachteil: Während einer langen Periode eines Veränderungsprojekts machen die Betroffenen nämlich keinerlei Erfahrung in Bezug auf Umsetzung.

Schaffer (1988) bezeichnet ein solches Vorgehen in Unternehmen als handlungsorientiert („activity-centered“) und stellt dieses einem Vorgehen gegenüber, welches ergebnisgetrieben („results-driven“) ist.

Die Strategie des Durchbruchs ist Ausfluss der strengen Ergebnisorientierung. Nach dieser Vorgehensweise wird schon in den frühen Arbeitsphasen mit der Umsetzung und Erprobung begonnen, teilweise sogar noch bevor die Gesamtrichtung völlig klar ist. Das praktische Ausprobieren als Learning by doing in einem schnellen Kreislauf liefert wichtige Lernergebnisse darüber, was bei der Gesamtumsetzung tatsächlich funktioniert. Ein Durchbruchsprojekt wird nach Schaffer (1988) daher definiert als ein geplantes Projekt, welches die Energiefaktoren nutzt, um ein greifbares grundlegendes Ergebnis in kurzer Zeit zu erreichen. Ausgeführt wird es so, dass es das Selbstvertrauen des Managements erhöht und neue Management-Fähigkeiten erzeugt, die für künftige Fortschritte benötigt werden.

Dieses Arbeiten mit schnellen Ergebnissen kann man sich so vorstellen, dass eine umfassende Fragestellung in einzelne relativ leicht umsetzbare Teilfragen unterteilt wird. Die Erfahrung bei der Umsetzung der ersten Fragestellungen fließt dann in das Vorgehen der nächsten Fragestellungen mit ein. Statt einer großen Lösung irgendwann, gibt es eine Vielzahl kleiner Lösungen, die eine Erfahrungskurve in Richtung Umsetzung erzeugen. Die Durchbruchs-Strategie des Projektmanagements stellt insofern eine konsequente Anwendung der Philosophie des Action Learning dar, die das explorative Element unterstützt, wie es von Revans (1978) vertreten wird.

Graphisch ist diese Reduzierung eines übergeordneten Problems in eine schnell realisierbare Teillösung in Abbildung 2.15 dargestellt.

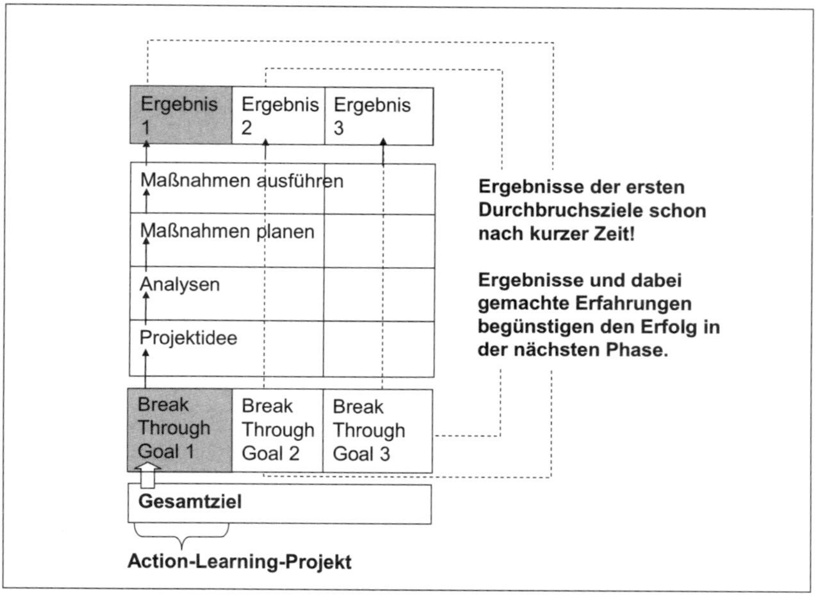

Abb. 2.15: Ergebnisorientiertes Projektmanagement

Wichtig für die erfolgreiche Anwendung der Strategie des Durchbruchs ist die Formulierung eines Durchbruchsziels. Dieses fokussiert den Ausschnitt des ursprünglichen Gesamtziels, der zuerst realisiert wird.

Ein Durchbruchsprojekt ist dann Erfolg versprechend, wenn aus einer übergeordneten Zielsetzung ein schnell realisierbares Durchbruchsziel ausgewählt wird, welches so formuliert ist, dass es den in Abbildung 2.16 dargestellten Kriterien genügt (Schaffer, 1988, S. 64).

Die Erkenntnisse eines erfolgreich umgesetzten Durchbruchsprojektes können in unterschiedlicher Weise genutzt werden. Einerseits kann das Vorgehen im Sinne eines Prototyps multipliziert und in der Breite eingeführt werden. Andererseits kann es aber auch Ausgangspunkt oder Baustein für größere und komplexere Veränderungen sein.

Richtlinien für die Auswahl von Durchbruchszielen
Um Erfolg sicherzustellen, wählen Sie ein Ziel, für das folgendes gilt:

1. Es ist **dringend und zwingend** – ein wirklicher Aufmerksamkeitserreger.
2. Es ist ein **erster Schritt**– in einer kurzen Zeitspanne erreichbar – eher in Wochen als in Monaten.
3. Es ist ein **Endresultat**, für sich allein stehend und messbar.
4. Die verantwortlichen Teilnehmer fühlen sich **bereit, willig** und **fähig**, es zu bewältigen.
5. Es kann mit den verfügbaren **Ressourcen** und **Befugnissen** erreicht werden.

Abb. 2.16: Durchbruchskriterien (nach Schaffer, 1988, S. 64)

Wenn man akzeptiert, dass die Vorgehensweisen im Projektmanagement eine sinnvolle Ergänzung für Action Learning darstellen, ergeben sich daraus drei Analysekriterien für Action-Learning-Projekte:

1. Werden für Action-Learning-Projekte Methoden und Vorgehensweisen des klassischen Projektmanagements genutzt oder versucht man ohne solche Methoden auszukommen?
2. Gibt es eine prozessorientierte Steuerung des Action-Learning-Projekts mit Reflexionsschleifen, durch die Lernen im Prozess sofort verwertet wird, oder gibt es ein starres Vorgehen, welches den Prozess ignoriert?

3. Werden ergebnisorientierte Durchbruchsprojekte mit messbarem Nutzen definiert oder gibt man sich mit Analysen und anderen Aktivitäten als Ergebnis eines Action-Learning-Projekts zufrieden?

Die Darstellung von Action Learning in diesem Kapitel sollte vermitteln, was im Kern unter diesem Konzept verstanden wird, welche Bandbreite es gibt und wie die Abgrenzung zu anderen Konzepten in der Literatur vorgenommen wird. Es wurden Anforderungen und Unterscheidungsmerkmale von Action-Learning-Ansätzen herausgearbeitet, mit Projektmanagement aber auch ein Aspekt aufgenommen, der in der bisherigen Literatur zu Action Learning offenbar nicht systematisch betrachtet worden ist.

Als Ergebnis dieser Auswertung werden nun Analysekriterien zusammengestellt, mit denen es möglich ist, unterschiedliche Action-Learning-Programme vergleichbar zu machen.

2.6. Kriterien zur Analyse von Action-Learning-Programmen

Die hier aufgeführten Kriterien dienen im weiteren Verlauf der Arbeit zur Analyse von drei in der Praxis durchgeführten Action-Learning-Programmen. Um die Orientierung zu erleichtern, erfolgt die Darstellung hier so, wie sie auch in den Analysen verwendet wird. Die Analyse erfolgt in sieben Kategorien, die mit eigener Absatznummerierung versehen sind und auch im Inhaltsverzeichnis auftauchen. Jede Kategorie wird durch eine Anzahl von Kriterien spezifiziert, die in einigen Fällen auch noch weiter differenziert wurden. Zur Erleichterung der Lesbarkeit werden in den Analysen alle Kriterien kursiv gesetzt.

2.6.1. Generelle Merkmale von Action Learning

- Learning by doing
- Exploration steuert Expertenwissen
- Das Action-Learning-Team als Medium für Reflexion, Erproben neuer Lösungen und persönliche Entwicklung
- Die Simultaneität von Problemlösen und Lernen bzw. von persönlicher und organisationaler Entwicklung in Form einer „Wippe“ oder eines „magischen Steinwurfs“

2.6.2. Der Prozess der Problemlösung

- Identifikation des Problems
- Zusammensetzung des Action-Learning-Teams
- Beauftragung des Action-Learning-Teams
- Sammlung und Analyse von Daten
- Erprobung von Lösungen
- Rückmeldung von (Zwischen-)Ergebnissen
- Implementierung in der Breite

2.6.3. Formen des Sets

- Projekt aus der eigenen Aufgabe vs. Projekt aus einer fremden Aufgabe
- Projekt in der eigenen Organisation vs. Projekt in einer anderen Organisation (oder einem anderen Organisationsteil)
- Ein gemeinsames Projekt für das Team vs. jeder Teilnehmer hat sein eigenes Projekt
- Vollzeit-Action-Learning vs. Teilzeit-Action-Learning

2.6.4. Projektmanagement

Einführung in das Thema im Programm

a. Klassisches Projektmanagement

- Zielvorgabe
- zeitliche, finanzielle, personelle und andere Begrenzungen

- Abgrenzung gegenüber anderen Vorhaben
- Projektspezifische Organisation

b. Prozessorientierte Steuerung

- Macht, Veränderungsenergie, Widerstände und Vernetzungen

c. Breakthrough Strategy

- Ergebnisorientierung
- Durchbruchsziel (messbar)

2.6.5. Strukturelle Merkmale des Ablaufs

- Action-Learning-Aufgabe
- Workshop-Struktur
  - Start-up-Workshop
  - Zwischen-Workshops
  - Abschluss-Workshop
- Action Learning im Programm
- Set Meetings
- Kommunikations-Plattform

2.6.6. Rollen im Action-Learning-Programm

- Der Sponsor, der die notwendige Positionsmacht besitzt, um Action Learning den Rücken zu stärken
- Der Client, der als Kunde an der Implementierung von Ergebnissen unmittelbar interessiert ist
- Das Set, die Gruppe von ca. 6 Teilnehmern, die die Action-Learning-Aufgabe bearbeiten
- Der einzelne Teilnehmer, der unterschiedliche Bezüge zum Projekt haben kann, je nachdem ob es z.B. den eigenen Job bzw. die eigene Organisation betrifft oder nicht
- Der Tutor, der von außen oder aus der Organisation Fachbeiträge einbringt

- Der Set Adviser, Coach oder Facilitator, der das Lernen fördert, die Gruppendynamik adressiert und den Projektfortschritt begleitet
- Weitere Rollen

2.6.7. Lernen und Reflexion

a. Tacit School – Lernen als impliziter Akt

- Kein Lerncoach
- Projektlernen erfolgt implizit und wird nicht ausgewertet

b. Scientific School – Lernen als rationale Soll-Ist-Abweichung

- Exploratives Lernen (Questioning einer neuartigen Situation)
- Theoriewissen (Programmed Learning) nach den Erfordernissen der Exploration
- Lernen als Abweichung tatsächlicher von erwarteten Ergebnissen

c. Experiential School – Lernen als systematisch geplante und unterstützte Aktion

- Systematische Lernphasen:
  - Lernplanung
  - Umsetzung
  - Review der Lernergebnisse
  - Schlussfolgerungen
- Unterstützung im Lernprozess:
  - Learn how to learn
  - Persönlicher Entwicklungsplan
  - Lernvereinbarung
  - Lerntagebuch
  - Lernen aus der Arbeit der anderen Teammitglieder
  - Gruppendynamik auswerten
  - Diskussion des Lernprozesses und der Lernergebnisse
  - Projektreview

- Einzelcoaching

d. Critical Reflection School - Lernen als Hinterfragen handlungssteuernder Annahmen

- Reflexion der Persönlichkeit des Problemlösers
- Handlungssteuernde Annahmen und Verhaltensmuster
- Wie verändere ich mich?
- Reflexion des Problemverständnisses des Problemlösers
- Erweitern der eigenen Perspektive
- Problemsicht aus unterschiedlichen Perspektiven
- Wahrnehmungsfehler aufdecken
- (Verdeckte) Erwartungen
- Reflexion des Umfelds im Unternehmen
- Normen der Organisation
- Widersprüche zwischen Werten/Normen der Organisation und des Problemlösers

3. Die betrachteten Unternehmen

In dieser Untersuchung werden drei Management-Development-Programme (A, B und C) vorgestellt, in denen auf unterschiedliche Art und Weise mit Action Learning gearbeitet wird.

Tab. 3.1: Die drei Unternehmen im Überblick

	Unternehmen A	Unternehmen B	Unternehmen C
Branche	Logistik, Transport-Dienstleistungen	Elektronik, Elektrotechnik	Energieversorgung
Struktur	Selbständig agierendes Unternehmen in einem weitverzweigten Konzern; die Zentrale von A steuert die eigenen Niederlassungen weltweit	Groß-Konzern mit dezentralisierter Geschäftsverantwortung; die Zentrale versteht sich als Klammer, die einen gemeinsamen Rahmen schafft und Synergien ermutigt	Sehr selbständig agierendes Unternehmen in einem großen Konzern: Hauptverwaltung (HV) von C nimmt Einfluss über mehr als 100 Minderheits-Beteiligungen an lokalen EVUs; einige wenige Eigenbetriebe
Heimatmarkt	Deutschland, EU	EU	Deutschland
Ausbreitung	Weltweit	weltweit	Deutschland, Südeuropa
Mitarbeiter	Ca. 27.000	Ca. 450.000	Ca. 15.000
Personalentwicklungs-Programme außer Action Learning	Ausbildung zum Speditionskaufmann in Deutschland; Keine weiteren internationalen Management-Programme; vereinzelt Teilnahme bei Konzernmutter	Langjährige Erfahrung und ausgereiftes Angebot	Individuelle Ausbildung und Betreuung des Nachwuchses; Keine weiteren Management-Programme; vereinzelt Teilnahme bei Konzernmutter

	Unternehmen A	Unternehmen B	Unternehmen C
Zielgruppe des Action-Learning-Programms	Führungsnachwuchs weltweit außer Deutschland	Führungskräfte mit Potenzial weltweit, hier: Nur Führungsnachwuchs Region Deutschland	Führungsnachwuchs in HV und Beteiligungen/bzw. Eigenbetrieben
Name des Programms	International Qualifying Program (IQP)	Management Learning (ML)	Führungsnachwuchskräfte-Projekt (FNK)
Betrachtungszeitraum	1996-1999	1997-2001	2002-2004

Diese Programme wurden von drei verschiedenen Unternehmen zeitlich nacheinander ins Leben gerufen. Auch diese Unternehmen werden hier mit A, B und C bezeichnet, um die Programme eindeutig zuordnen zu können. In diesem Kapitel werden die drei Unternehmen in einem Überblick zum jeweils betrachteten Zeitpunkt der Analyse des Action-Learning-Programms vorgestellt.

3.1. Unternehmen A

Dieses Unternehmen ist als „Logistik- und Transportdienstleister ... mit ca. 27.000 Mitarbeitern an 1000 Standorten weltweit vertreten" (Hauser et al., 1999, S. 145).

Die Logistikstrategie des Unternehmens umfasst „Warehousing" in internationalen Logistik-Centern, die weltweit an strategisch wichtigen Orten untergebracht sind, „Handling" der Warenströme von Auftragsbearbeitung bis Qualitätskontrolle, Reparaturservice, Verpackung und Versicherung, sowie „Procurement and Distribution", d.h. auf die spezifischen Kundenbedürfnisse zugeschnittene Anlieferung und Verteilung der Güter unter Nutzung unterschiedlichster Verkehrmittel (Informationen auf einer Informations-CD des Unternehmens aus dem Betrachtungs-Zeitraum, die dem Verfasser vorliegt).

Situation im Betrachtungszeitraum

Die Globalisierung führte zu einem rasanten Prozess der Veränderung und Neuausrichtung. Einerseits fand eine grundlegende Konzentration und Neuordnung des Logistikmarktes in Deutschland statt. Stichworte dazu sind beispielsweise Post und Bahn, deren veränderte Strategien sich direkt auf Unternehmen A auswirkten. So veränderte sich das ca. 125 Jahre alte Unternehmen C im Betrachtungszeitraum wesentlich, sowohl was die Eigentümerseite und Zuordnung in einen Konzern anging als auch in den eigenen Strukturen durch die Fusion mit einem wichtigen Wettbewerber.

Aber auch das Geschäft selbst veränderte sich, die traditionelle Aufteilung in Inland und Ausland verlor immer mehr an Bedeutung, da weltweit immer mehr derselbe Service-Standard erwartet wurde. Für die Personalentwicklung ergaben sich daraus mehrere wesentliche Herausforderungen:

1. Bis in die jüngste Vergangenheit wurden Schlüsselpositionen im Unternehmen weltweit in aller Regel aus dem deutschsprachigen Raum besetzt. Dies sollte sich nun ändern, um im globalen Wettbewerb überall vor Ort noch stärker zu werden. Die Leitungen sollten weltweit nach und nach mit lokalen Managern besetzt werden.
2. Ein Problem, welches immer schon bestand, verschärfte sich mit diesem Politikwechsel: Eine qualifizierte Ausbildung im Logistikbereich gab es bis dahin mit dem Speditionskaufmann/-frau nur in Deutschland. Die Personalentwicklung stand daher vor der Herausforderung, weltweit angemessenes Logistik-Know-how aufzubauen.
3. Die Besetzung internationaler Schlüsselpositionen wurde in der Vergangenheit von Deutschland ins Ausland vorgenommen. Nunmehr sollte diese Einbahnstraße deutlich verändert werden und sowohl Austausch in beide Richtungen als auch zwischen verschiedenen Niederlassungen möglich sein.

4. Eine weitere Herausforderung, die sich aus der lokalen Besetzung des Managements ergab, bestand darin, das bislang gut funktionierende Netzwerk von Schlüsselpersonen zu erhalten und auszuweiten.
5. In dieser Situation entstand mit dem International Qualifying Program (IQP) ein internationales Qualifizierungsprogramm für Nachwuchs-Führungskräfte.

3.2. Unternehmen B

Unternehmen B versteht sich als ein globales Netzwerk, welches in über 190 Ländern präsent ist und für seine Kunden innovative Lösungen auf den Gebieten der Elektrotechnik und Elektronik schafft.

Das Unternehmen hatte im Betrachtungszeitraum sein operatives Geschäft nach Arbeitsgebieten gegliedert, die wiederum einen oder mehrere Bereiche umfassten. Diese Bereiche hatten jeweils weltweite Verantwortung für ihr operatives Geschäft und wurden dabei von regionalen Einheiten in den verschiedenen Ländern unterstützt.

Klammerfunktion hatte die Konzernzentrale, die ihre Steuerungsfunktion über Zentralabteilungen und Zentralstellen wahrnahm. Zentralabteilungen zur Unterstützung der Firmenleitung und mit Richtlinienfunktion für das Unternehmen wurden zu den Themen Finanzen, Personal, Technologie und Unternehmensentwicklung betrieben. Dazu gab es einige Zentralstellen mit Themen wie „Corporate Communications“, „Global Procurement and Logistics“ und „Management Consulting Personnel“ (Quellen: Geschäftsbericht 2000 sowie die Broschüre „Daten und Fakten 2002“, die den Stand von Ende 2001 widerspiegelt).

Situation im Betrachtungszeitraum

Das Programm entstand in einer Zeit, als das Unternehmen B, das gerade das 150-jährige Jubiläum seiner Gründung gefeiert hatte, durch mehrere miteinander verknüpfte Faktoren unter großen Druck geriet.

Einerseits entwickelten sich die Rentabilität und der Jahresüberschuss (Ebit = Earnings before interest and tax) nicht in dem gewünschten Maße, andererseits - und damit verknüpft – war auch der Aktienkurs unbefriedigend. Analysten und Wirtschaftspresse standen dem Unternehmen skeptisch gegenüber, nicht zuletzt weil die positiven Ergebnisvorhersagen, die das Unternehmen selbst gemacht hatte, bislang nicht eingetroffen waren.

Eine Produktivitätsoffensive mit dem programmatischen Namen „top" (die Buchstaben standen für „time optimized processes"), das mit großem Aufwand den Kulturwandel anstrebte, hatte zwar beachtliche Ergebnisse gebracht, aber nicht in dem Ausmaß, dass die Performance dadurch nachhaltig verbessert worden wäre, zumal einige Weltmarktfaktoren, wie rapider Preisverfall in verschiedenen High-Tech-Märkten, die Ergebnisverbesserung wieder zunichte machten. Anders ausgedrückt: Das Unternehmen veränderte sich zwar, aber nicht schnell und radikal genug. Die Forderungen von außen gingen in Richtung nachhaltige Verbesserung, auch durch strukturelle Einschnitte und Veränderungen.

Das Unternehmen reagierte darauf mit einer Vielzahl von Maßnahmen. Einerseits wurde schon zum Firmenjubiläum eine groß angelegte Innovationskampagne gestartet. Darüber hinaus wurde eine strikte Wertorientierung im Unternehmen unter dem Namen WIN eingeführt. Alle Aktivitäten wurden auf ihren Geschäftswertbeitrag hin untersucht und es wurden zum Erfolgscontrolling konsequent Balanced Scorecards eingeführt.

In struktureller Hinsicht schließlich kam es zu beträchtlichen Einschnitten, die zur Neuordnung des ganzen Unternehmens führten. Es ging um die Stärkung eines profitablen Kerngeschäfts. Daher kam es auch zur Trennung von bedeutenden Sparten, die nicht profitabel betrieben werden konnten oder zu hohe Risiken bargen.

In diesem Umfeld, welches dadurch gekennzeichnet war, dass der Erfolg einer eher auf soft factors - wie Kulturwandel und

Verhaltensänderung - abzielenden Entwicklung des Hauses bei weitem nicht ausreichend war und daher starker Druck auf dem Unternehmen lastete, nachhaltige Verbesserungen zu schaffen, wurde das Management-Learning-Programm aufgesetzt.

Das Management Learning war nicht die einzige Anstrengung, mit der das Unternehmen B daran ging, seine Führung systematisch zu verbessern.

Ebenfalls in dieser Zeit entstand etwa ein neues Unternehmensleitbild, welches die erwünschte Unternehmenskultur widerspiegelte und welches als Messlatte für alle Aktivitäten im Haus dienen sollte: „Wir richten unsere Organisation und alle Systeme - insbesondere das Führungssystem - daran aus." Neben einer konsequenten Ausrichtung am Kunden, waren dort beispielsweise Innovationen und hohe Ertragskraft thematisiert, Lernen, Zusammenarbeit und exzellente Führung. Gerade für diesen letztgenannten Punkt entstanden die ersten Fassungen eines Führungsrahmens, der Führungskräften bis auf die Verhaltensebene Orientierung geben sollte (Leitbild und Führungsrahmen liegen dem Verfasser vor).

Auch wenn das Unternehmen B zu dem Zeitpunkt, in dem das Management-Learning-Programm entstand, sicherlich nicht über eine konzernweite Personalentwicklung aus einem Guss verfügte, war doch in dieser Umbruchzeit gerade aus dem Leitbild erkennbar, in welche Richtung die Personalentwicklung sich bewegte.

3.3. Unternehmen C

Unternehmen C ist eine große kommunale Energiegruppe mit einer Hauptverwaltung als Kern. Im Betrachtungszeitraum hatte das Unternehmen über 100 direkte Beteiligungen, bei denen Städte und Gemeinden mit durchschnittlich 65% die Mehrheit hielten. Dadurch blieb die Eigenständigkeit der lokalen Anbieter erhalten. Eine Sonderrolle kam den wenigen Eigenbetrieben zu, die in der Praxis aber wie eine Beteiligung geführt wurden.

Die Hauptverwaltung sah ihre Aufgabe darin, die Beteiligungen darin zu unterstützen, profitabel zu arbeiten. Dazu wurde das Netzwerk organisiert und es gab ein vielfältiges Know-how- und Beratungsangebot. Um dies zu erreichen wurde in der Hauptverwaltung ein Expertenpool für zentrale Themen aufgebaut, wie Einkauf, Vertrieb, Handel, Technik, Betriebswirtschaft, Recht, Steuern und EDV. In einer Broschüre nannte das Unternehmen als Grundsätze und Aufgaben seiner Tätigkeit den Ausbau der Wettbewerbsstärke, die Wahrung der Eigenständigkeit lokaler Partner, die Nutzung von Synergieeffekten im gemeinsamen Netzwerk sowie die Unterstützung im Energiebezug zum Selbstkostenpreis durch die eigene Energiehandelsgesellschaft (Broschüre liegt dem Verfasser vor).

Situation im Betrachtungszeitraum

Der Zeitraum, in welchem das Action-Learning-Programm in Unternehmen C geplant und pilotiert wurde, war durch vielfältige Übergänge und Veränderungen gekennzeichnet.

Diese Veränderungen betrafen den gesamten Energiemarkt. Ausgehend von strukturellen Eingriffen der Europäischen Union befand sich der Markt mitten in einer Deregulierung und Liberalisierung. Dazu stand unter dem Stichwort „Unbundling“ die organisatorische Entflechtung unterschiedlicher Energieträger bevor. Für die Beteiligungen von Unternehmen C bedeutete dies z.B. die Trennung von Gas- und Stromgeschäft.

Begleitet wurde dies von einer nie gekannten Konzentrationswelle in den traditionell stark dezentralen und lokalen Energiemärkten. Für Unternehmen C ging damit ein rasanter Anstieg an Beteiligungen einher.

In der Diagnose mit Führungskräften aus der Hauptverwaltung und dem Geschäftsführer einer Beteiligung, die vom Verfasser zur Vorbereitung des FNK-Programms durchgeführt wurde, wurde zu den Auswirkungen dieser Veränderungen Folgendes festgestellt:

Das persönliches Kennen und die Überschaubarkeit nehmen ab. Dies war für ein Unternehmen, welches traditionell sehr stark über den persönlichen Kontakt im Netzwerk geführt wurde, ein als wesentlich empfundener Einschnitt.

Verstärkt wurde dies noch durch den bevorstehenden Wechsel an der Spitze des Unternehmens. Nach rund 30 Jahren stand die Ablösung des Vorstandsvorsitzenden bevor, der wesentlich Kultur und Erfolg des Unternehmens geprägt hatte.

Der designierte Nachfolger hatte zunächst die Rolle des Personalvorstands. In dieser Phase wurde im Unternehmen ein Bedarf an systematischen Instrumenten der Personalentwicklung festgestellt. In der Diagnose heißt es dazu (vgl. Abbildung 3.1):

- Situation: ca. 50 Wechsel in Führungspositionen p.a.
  - Bedarf kann bislang von der HV nicht befriedigt werden
  - Dadurch wachsende Unzufriedenheit bei Führungskräften und Mitarbeitern
- Stärkere Systematisierung
  - Mitarbeitergespräch
  - Rekrutierung (Schaffen von Pools)
  - Trainée-Programm
  - FNK-Konzept
- Reaktion auf die Systematisierung im Unternehmen
  - Zunächst Vorbehalte
  - Bei Erfolg positive Reaktion (Beispiel MA-Gespräch)
  - „Wir haben nur einen Schuss“

Abb. 3.1: Auswirkungen des Wandels auf die Personalentwicklung von Unternehmen C

Das FNK-Projekt war in diesem Zusammenhang eine zentrale Maßnahme zur Systematisierung der Personalentwicklung.

Zusammenfassung

Alle drei Unternehmen befanden sich zu dem Zeitpunkt, als sie Action-Learning-Programme im Rahmen eines systematischen Management Developments einführten, in einer Phase tief greifender Veränderungen und Übergänge. Dies betraf sowohl ihre angestammten Märkte als auch die Strukturen der Unternehmen selbst. Allen Unternehmen gemeinsam war das Bedürfnis, ihr Management bzw. den Managementnachwuchs auf diese Situation angemessen vorzubereiten.

4. Die drei Action-Learning-Programme

In diesem Abschnitt werden die Action-Learning-Programme der drei im letzten Kapitel dargestellten Unternehmen vorgestellt. Jedes Action-Learning-Programm wird nach folgenden Gesichtspunkten besprochen:

Entstehungsgeschichte des Programms von den Ursprüngen bis zum Stand im Betrachtungszeitraum und den damit verfolgten Zielen. Für Programm B, dem einzigen Programm, welches in einem Unternehmen mit langer Tradition in der Qualifizierung von Führungskräften durchgeführt wurde, wird auch die Evolution des Führungstrainings über mehrere Entwicklungsstufen bis hin zum Action-Learning-Programm referiert.

Anschließend erfolgt eine Einordnung anhand der Analysekriterien, die aus der Literaturauswertung abgeleitet wurden.

In einem letzten Schritt wird der Bezug zu der Hypothese dieser Arbeit hergestellt, nämlich, dass das Design eines Action-Learning-Programms wesentlichen Einfluss darauf hat, welcher Nutzen damit geschaffen werden kann. Dazu wird eine Einschätzung vorgenommen, welchen Nutzen das jeweilige Programm stiftet. Für diese Einschätzung werden die in Kapitel 1 genannten Dimensionen des Nutzens herangezogen und bewertet.

Nach der Vorstellung der drei Programme erfolgt eine synoptische Gegenüberstellung der Ergebnisse in Tabellenform, um die verschiedenen Programme direkt vergleichbar zu machen.

4.1. Action-Learning-Programm A

Dieses Programm wurde aus dem Bedürfnis heraus entwickelt, den weltweiten Führungsnachwuchs des Logistikdienstleisters zu qualifizieren. Elemente des Action Learning fanden erst allmählich Eingang in das Programm, und am Ende des Betrachtungszeitraums war offen, in welchem Umfang Action Learning weiter betrieben werden würde. Von Verantwortlichen in der Personalentwicklung des Unternehmens wurde erwogen, den Anteil des Lernprojekts am Gesamtprogramm zurückzunehmen, zugunsten anderer Bestandteile. Andererseits wurde vom Vorstandsvorsitzenden des Unternehmens die Vorgabe gemacht, in den Projekten für das Geschäft nutzbare Ergebnisse zu erarbeiten.

4.1.1. Die Entstehungsgeschichte von Programm A

Im Gegensatz zur weltweiten Präsenz von Unternehmen A beschränkte sich die Qualifizierung der Mitarbeiter traditionell auf den deutschsprachigen Raum, da dort mit dem Speditionskaufmann ein entsprechender Ausbildungsgang zur Verfügung stand, den es woanders nicht gab. Dieser Ausbildungsgang hatte traditionell große Bedeutung im Unternehmen:

„In Deutschland und den deutschsprachigen Ländern sind hauptsächlich Mitarbeiter mit einer qualifizierten Ausbildung zur/zum Speditionskauffrau/-mann beschäftigt. Über Jahrzehnte hinweg konnten die Nachwuchskräfte aus den eigenen Reihen entwickelt werden, und die Erstausbildung in diesem Berufsbild hatte und hat einen großen Stellenwert im Unternehmen. Die Erstausbildung ist sehr abwechslungsreich und deckt alle Sparten und Bereiche in dieser Branche ab (Internationale und Nationale Verkehre - Luft, See, LKW, Binnenschifffahrt - Logistik, Warehousemanagement, Verkauf, Finanzierung und Kalkulation). Speditionskaufleute sind ‚spezialisierte Generalisten'." (Hauser et al., 1999, S. 145)

Gemäß diesem Selbstverständnis des Speditionskaufmanns als „spezialisiertem Generalisten" wurde die Ausbildung ganz selbstverständlich als Basis für weitergehende Verantwortung im Hause angesehen. Führungspositionen wurden im Inland wie international in der Regel mit Speditionskaufleuten besetzt. Schon aus diesem Grunde kamen weltweit praktisch alle Führungskräfte aus dem deutschsprachigen Raum. Internationale Führungspositionen mit Vertretern aus dem Ursprungsland eines Unternehmens zu besetzen entsprach sicherlich in vielen Unternehmen lange Zeit einer gängigen Praxis. Im Fall des Unternehmens A konnte allerdings noch entschiedener als in anderen Fällen argumentiert werden, dass man trotz des außerordentlich umfangreichen internationalen Geschäfts gar keine Wahl habe, da geeignete nicht-deutschsprachige Kandidaten nicht zur Verfügung stünden. Dies führte bei zunehmender Globalisierung und damit zunehmenden Anforderungen an das internationale Geschäft aber zu Engpässen und damit potenziellen Wettbewerbsnachteilen:

„Der Bedarf an qualifizierten Mitarbeitern, die ein umfassendes fachliches Know-how vorweisen können, steigt kontinuierlich. Die Anforderungen der Kunden umfassen außerdem weltweit einen gleich hohen Leistungsstandard der Mitarbeiter. Das bedeutet, dass die Kunden in China ebenso effizient und qualifiziert zu betreuen sind, wie in Südafrika oder Europa.

Außerhalb des deutschsprachigen Raumes existiert eine vergleichbare Ausbildung für diesen Beruf (des Speditionskaufmannes – Anmerkung des Verfassers) jedoch nicht. Im Ausland werden daher hauptsächlich branchenfremde Mitarbeiter mit unterschiedlichstem Ausbildungshintergrund eingestellt, die durch ‚learning by doing' in speziellen Arbeitsfeldern zu Spezialisten werden." (Hauser et al., 1999, S. 145)

In dieser Situation wurde beschlossen, erstmalig unternehmensweit eine systematische Qualifizierung für den nicht-deutschsprachigen Nachwuchs anzubieten:

„Um das Qualifizierungsniveau an- und auszugleichen und um lokale Nachwuchskräfte zu identifizieren und zu fördern, wurde von der Zentrale die Entwicklung eines Weiterbildungs- und Personalentwicklungsprogrammes in Auftrag gegeben. Gemeinsam mit den Personalentwicklern der Zentrale und externen Trainern wurde das englischsprachige Programm entwickelt und unter dem Namen IQP (International Qualifying Program) allen Landesgesellschaften vorgestellt.“ (Hauser et al., 1999, S. 145)

Entsprechend der Tradition der Qualifizierung im Unternehmen ist es nicht verwunderlich, dass die Vermittlung von Speditions-Know-how im Vordergrund stand, verbunden allerdings von Anfang an mit der Entwicklung von Sozialkompetenz. Durchgeführt wurde der erste Durchlauf als klassische Seminar- und Lehrveranstaltung von vierwöchiger Dauer, schon um die Reisekosten in einem erträglichen Umfang zu halten.

„Das erste IQP 1994 wurde mit 13 jungen, förderungswürdigen Mitarbeitern aus acht verschiedenen Ländern durchgeführt. In einem vierwöchigen Workshop in Deutschland wurde neben der fachlichen Ausbildung, durchgeführt von unternehmenseigenen Experten, großer Wert auf die Entwicklung von Soft Skills gelegt. Bausteine des Programms waren z.B. Präsentations-, Moderations- und Verkaufstechniken, Kommunikation, Arbeitstechniken, das Führen von Mitarbeitergesprächen sowie Projektarbeit mit Übungscharakter. Die praktischen Übungen während des Workshops wurden durch Textbücher ergänzt, die im Voraus im Selbststudium erarbeitet worden waren.“ (Hauser et al., 1999, S. 145)

Nach der Pilotdurchführung wurde beschlossen, das Programm in überarbeiteter und verbesserter Form zum festen Bestandteil des Angebotes der zentralen Personalentwicklung zu machen. Grundlage der Weiterentwicklung war die Auswertung der Pilotdurchführung.

Die Auswertung der ersten Runde des IQP-Programms ergab folgende Hauptkritikpunkte:

- 4 Wochen an einem Stück waren zu lange.
- Die Gruppe war zu heterogen (Bildungsstand, Englischkenntnisse, Alter, Weiterentwicklungsmöglichkeit vor Ort ...).
- Einige Themen wurden entweder zu ausführlich oder zu kurz behandelt.
- Speditionelle Fachthemen wurden nur oberflächlich behandelt, da die Vorkenntnisse der Teilnehmer zu verschieden waren.
- IQP und dessen Ziele sind im Unternehmen und vor allem bei den Vorgesetzten zu wenig bekannt, daher auch die heterogene Gruppenzusammenstellung.
- Es erfolgte zu wenig Unterstützung durch die lokalen Vorgesetzten.
- Der Anteil an Persönlichkeitsentwicklung war zu gering.

In der Folge der Pilotdurchführung sowie aufgrund der anschließend festgestellten Kritikpunkte setzte ein Evolutionsprozess ein, in dem sich das Programm vom klassischen Seminar in Richtung auf ein Action-Learning-Programm weiterentwickelte, welches allerdings weiterhin Seminarbestandteile und Vermittlung von Fachwissen in einem erheblichen Umfang mit einschloss. Die nachfolgende Beschreibung des Ablaufs bezieht sich auf die vierte Durchführung, die insofern einen Einschnitt markierte als erstmals ein Ablauf mit drei Workshops als Präsenzphasen durchgeführt wurde. Dies wurde als wichtige Voraussetzung für die Anwendung von Action Learning betrachtet.

4.1.1.1. Zielsetzung von Programm A

Das Programm A ist aufgrund der weltweiten Ausrichtung des Logistik-Unternehmens entstanden und hat demgemäß anspruchsvolle Ziele:

- Identifikation und Förderung lokaler Führungsnachwuchskräfte weltweit
- Aufbau interkultureller Netzwerke von qualifiziertem Personal
- International erfolgreiches Teamwork
- Qualifizierung für weltweiten Wettbewerb

4.1.1.2. Zielgruppe und Eingangsvoraussetzungen

Die Zielgruppe von Programm A wird folgendermaßen beschrieben:

„Das Programm spricht heute weltweit den lokalen Managementnachwuchs an, der zwischen 25 und 35 Jahren alt ist, über mind. dreijährige Berufserfahrung und einjährige Firmenzugehörigkeit verfügt, exzellente Englischkenntnisse vorweist und eine klare, positive Potentialaussage durch die Vorgesetzten erhält.“ (Hauser et al., 1999, S. 146)

Darüber hinaus waren als technische Voraussetzungen ein Anschluss ans Internet sowie die aktuelle Version von MS Windows und Office erforderlich. Angesichts einer weltweiten Teilnehmerschaft schien es sinnvoll, diese technischen Anforderungen klar zu benennen.

4.1.1.3. Aktivitäten und Angebote im Vorlauf des Programms

Im Vorlauf wurden die Landesleiter angeschrieben und um Nominierung ihrer Potentialkandidaten gebeten. Gleichzeitig sollte für jeden Kandidaten auch ein Coach benannt werden, meist wurde diese Funktion vom direkten Vorgesetzten übernommen. Die Rolle des Coaches umfasste beginnend mit der ersten Potentialbeurteilung und der Begründung der Teilnahme die individuelle Betreuung des Teilnehmers vor Ort. Er führte Entwicklungsgespräche, leistete Unterstützung bei der Bewältigung der vielfältigen Aufgaben und ggf. Umverteilung der Arbeitslast. Schließlich war er auch Ansprechpartner für die Zentrale.

Nach der Nominierung wurden von einem externen Berater oder einer Personalentwicklerin strukturierte Telefoninterviews geführt. Dadurch wurden einerseits erste persönliche Kontakte geknüpft und Fragen zum Programm beantwortet, andererseits abgeklärt, ob die Englischkenntnisse der künftigen Teilnehmer für die Anforderungen des Programms ausreichend wären.

Vor dem ersten Seminar des Programms wurde für die Vorgesetzten der Teilnehmer der Workshop „Coaching for the Coaches" angeboten. Mit diesem Seminar sollten die Vorgesetzten die Gelegenheit bekommen, sich auf ihre Rolle vorzubereiten, um eine kontinuierliche und qualifizierte Betreuung der Teilnehmer in ihren Heimatländern während des Programms zu gewährleisten. In diesem Coaching-Workshop

- wurden die Aufgaben der IQP-Teilnehmer ausführlich beschrieben
- die Anforderungen an den Coach erarbeitet
- ein detaillierter Überblick über den Ablauf des Programms und die daraus resultierenden Belastungen für die Teilnehmer gegeben
- aktiv Beurteilungs- und Entwicklungsgespräche geführt, mögliche Konfliktsituationen diskutiert und Lösungsmöglichkeiten erprobt.

Dieses Seminar wurde nicht zuletzt auch deswegen gut angenommen, weil es den Coaches ermöglichte, parallel zu den Teilnehmern ihr eigenes globales Netzwerk auf- und auszubauen.

4.1.1.4. Von Seminarlernen zu Action Learning

Programm A wurde für die hier im Schwerpunkt beschriebene vierte Durchführung einem deutlichen Redesign unterzogen. Die wichtigste Veränderung, die durchaus den Charakter eines Paradigmenwechsels hatte, betraf den Übergang von Seminarlernen zu Action Learning.

In der Anfangsphase des Programms stand klassischer Unterricht ohne direkte Verknüpfung zum eigentlichen Arbeitsumfeld im Vordergrund. Der Schwerpunkt lag auf der Vermittlung von Fachwissen durch Praktiker und Erwerb von Social Skills durch Trainer.

Durch die Einführung einer Long Term Task (LTT), bei der Teilnehmer aus unterschiedlichsten Standorten gemeinsam ein echtes Geschäftsproblem lösen, veränderte sich dieser Fokus jedoch.

„Die Teilnehmer lernen nunmehr an einem echten Geschäftsproblem und organisieren die Projektarbeit so, dass jeder Teilnehmer, unabhängig von seinem eigentlichen Arbeitsgebiet, einen Beitrag zum Gesamtergebnis leistet. In den Mittelpunkt rückten dadurch das eigene Arbeitsverhalten und daraus abgeleitete Lernbedürfnisse, unterstützt durch systematisches Feedback.“ (Hauser et al., 1999, S. 152)

Dabei war zu beobachten, dass auch die Organisation lernte, hinsichtlich der Long Term Task Anforderungen an die Teilnehmer zu stellen und die Ressourcen der Gruppe für immer wichtigere Themen zu nutzen. Zu Beginn war es schwierig, für die Long Term Task Aufgaben zu finden, die über den Übungscharakter hinaus Relevanz für das Unternehmen hatten. Später stieg der Anspruch in Richtung auf offene und unmittelbar geschäftsrelevante Themen.

Diese Entwicklung bedeutete eine Veränderung des Programmdesigns in Richtung Action Learning:

„Die Teilnehmer lernen durch die Projektarbeit, die verschiedenen fachlichen Schwerpunkte und die kulturelle Vielfalt der Gruppe, welche Hindernisse bei einer globalen Zusammenarbeit auftauchen können. Sie haben aber auch die Möglichkeit, durch Internetzugang, Telekonferenzen und nicht zuletzt durch persönliche Treffen diese Hürden zu überwinden und Wege zu diskutieren, wie durch diese Erfahrungen ihr Geschäft verbessert werden kann. Sie können dabei feststellen, wo ihre Organisation hinsichtlich des Einsatzes zukunftsweisender Technologien steht, haben aber auch die Möglichkeit, durch die kleineren Long Term Task-Arbeitsgruppen untereinander ein Benchmarking durchzuführen und Synergieeffekte zu nutzen. Hinter diesen Erfahrungen steht ein hohes Maß an Engagement, manchmal auch der Frust darüber, dass Einzelne aus verschiedenen Gründen nicht den Beitrag bringen, der von ihnen erwartet wird und die Gruppe auch aufgrund der räumlichen Distanz sich schwer tut, solche Themen aufzuarbeiten. Dies kann zu Motivations- und Zeitverlust führen. Coach und Sponsoren können an dieser Stelle wichtig werden." (Hauser et al. , 1999, S. 153)

Auch die Workshopstruktur des Programms wurde auf Action Learning ausgerichtet. Alle Teilnehmer trafen nunmehr während der zwölfmonatigen Programmdauer dreimal für 1-2 Wochen zusammen. Die einzelnen Projektgruppen hatten nach Bedarf und in Absprache mit ihrem Sponsor darüber hinaus die Möglichkeit zu weiteren Meetings. Diese Veränderung des Programmdesign hin zu Action Learning bedeutete nicht zuletzt auch eine erhebliche finanzielle Mehrbelastung. Verknüpft war diese Entwicklung mit einer stärkeren Einbindung des Umfelds der Teilnehmer vor Ort. Dies betraf beispielsweise eine systematische Job Rotation aber auch die schon beschriebene Einbindung der Führungskräfte der Teilnehmer in das Programm.

4.1.2. Analyse von Programm A anhand der Action-Learning-Kriterien

In diesem Abschnitt wird eine Einordnung des Programms anhand der oben entwickelten Action-Learning-Kriterien vorgenommen. Die einzelnen Punkte werden nach der Reihenfolge der Kriterien am Ende von Kapitel 2 bearbeitet. Bei der Bearbeitung der Checkliste wurde der Vollständigkeit der Erörterung der Vorzug gegeben gegenüber einer überschneidungsfreien Abgrenzung. Ein gewisses Maß an

Redundanz erscheint von daher an manchen Stellen als unvermeidlich und wurde lieber in Kauf genommen, als auf Bezüge zu verzichten.

4.1.2.1. Generelle Merkmale von Action Learning

In diesem Programm wurde das Action-Learning-Projekt als Long Term Task bezeichnet. Diese Long Term Task wurde von Produktmanagern als Sponsoren vergeben, wobei die nachfolgenden Kriterien als Leitlinie dienen sollten:

- Aktuell und von hohem Unternehmensinteresse
- Noch nicht in Bearbeitung durch ein anderes Team
- Praxisnah und umsetzbar
- Für ein internationales Team lösbar
- Im Zeitraum von einem Jahr zu erarbeiten
- Messbarer Nutzen für das Unternehmen (Hauser et al., 1999, S. 149 f.).

Die Long Term Task war das wesentliche Vehikel, mit dem die Teilnehmer lernten, in einem weltweiten virtuellen Team zu arbeiten. Sie strukturierten ein komplexes und aktuelles Problem und erarbeiteten einen Lösungsvorschlag. Um dies zu leisten, bildeten sie ein internationales Netzwerk und übten sich im Aufbau effektiver Kommunikationsstrukturen.

Die Ergebnisse der Long Term Task wurden zum Abschluss des Programms Mitgliedern des Vorstandes, Produktmanagern, Coaches, Personalentwicklern und externen Beratern, präsentiert.

Learning by doing

Das IQP-Programm enthielt ein hohes Maß an Theorie in Form von Fachwissen zu Themen aus Logistik und Spedition, zu betriebswirtschaftlichen Themen und zu Vorgehensweisen im Unternehmen selbst. Darüber hinaus gab es zwei Bereiche in denen Lernen durch Tun stattfand, nämlich in den selbsterfahrungsorientierten Teilen und insbesondere in der Long

Term Task als Action-Learning-Projekt. Im Betrachtungszeitraum erarbeiteten drei regionale Gruppen (Asia Pacific, Americas und Europe) Anwendungsmöglichkeiten für ein innovatives logistisches Konzept.

Exploration steuert Expertenwissen

Die Aufgabenstellung erforderte ein hohes Maß an Exploration in den verschiedenen Regionen. Dabei tauchten auch Fragestellungen auf, die die Teams nicht selbst lösen konnten. In unterschiedlichem Umfang zogen alle Teams Experten hinzu, die sie in der Thematik der Action-Learning-Aufgabe im Allgemeinen und in Bezug auf die Situation vor Ort im Besonderen unterstützten.

Das Action-Learning-Team als Medium für Reflexion, Erproben neuer Lösungen und persönliche Entwicklung

In jedem Team wurden Reflexionen vorgenommen, zum Teil unter Moderation der Berater in den Workshops, zum Teil gesteuert durch die Sponsoren, seltener durch die Teilnehmer selbst. Das Erproben neuer Lösungen bezog sich besonders auf die Zusammenarbeit in einem internationalen virtuellen Team, teilweise auch auf die fachliche Frage, für die Lösungen erarbeitet wurden. Die persönliche Entwicklung im Team wurde nicht zuletzt durch Feedbackprozesse gefördert.

Die Simultaneität von Problemlösen und Lernen bzw. von persönlicher und organisationaler Entwicklung in Form einer „Wippe“ oder eines „magischen Steinwurfs“

Die Long Term Task dieses Programms hatte ein wichtiges Problem der Organisation zum Gegenstand. Es wurden Analysen vorgenommen und einige Lösungsvorschläge erarbeitet. Insofern war eine Entwicklung der Organisation zumindest im Fokus, wenn auch sicher nicht wirklich erreicht. Genutzt wurde dies von den Teilnehmern aber durchaus für persönliches Lernen in Bezug auf

Fragestellungen der Organisation, Vergleich mit anderen Regionen der Welt, aber auch zur Verbesserung in Techniken wie Datenanalyse und wirkungsvoll Präsentieren.

4.1.2.2. Der Prozess der Problemlösung

Identifikation des Problems

Die Identifikation des Problems fand in einer Abstimmung zwischen internationaler Personalentwicklung, Produktmanagern und externen Beratern statt. Ideengeber waren Produktmanager, die einen konkreten Handlungsdruck hatten und später auch als Sponsoren (= Client) zur Verfügung standen.

Zusammensetzung des Action-Learning-Teams

Die Zusammensetzung der Teams erfolgte bei dieser Durchführung anhand der regionalen Zugehörigkeit der Teilnehmer (Americas, Asia Pacific und Europe). In anderen Programmen gab es aber auch schon die Zusammensetzung nach dem Kriterium des persönlichen Interesses.

Beauftragung des Action-Learning-Teams

Die Teams erhielten generell durch die Entsendung in das IQP den Auftrag an einer Long Term Task teilzunehmen. Im Konkreten war es aber der Sponsor (= Client), der einem bestimmten Team den Auftrag erteilte, ein speziell definiertes Ergebnis zu erzielen.

Sammlung und Analyse von Daten

Nach der Beauftragung hatten die Teams den Auftrag, in ihren Regionen Daten zu sammeln und zu analysieren. Alle Teammitglieder waren daran beteiligt. Die Analyse erfolgte zum Teil in Subteams, auf Regionaltreffen und im virtuellen Kontakt. Jedem Team war es freigestellt, dazu entsprechende Methoden zu entwickeln. Die Teams tauschten sich über die von ihnen verwendeten Methoden zumindest teilweise aus.

Erprobung von Lösungen

Die Teams erarbeiteten Vorschläge zur Lösung der Probleme, ein direktes Erproben und damit das Erbringen eines Erfolgsnachweises fand jedoch nicht statt.

Rückmeldung von (Zwischen-)Ergebnissen

Zwischenergebnisse wurden regelmäßig an den Sponsor weitergemeldet. Es hing von Aktivität und Interesse des Sponsors ab, wie stark er diese einforderte. Im Summer Workshop fand eine ausgiebige Zwischenpräsentation aller Teams statt, die auch einen Austausch zwischen den Teams anregte. Im Final Seminar gab es dann die Abschlusspräsentation vor dem Vorstandsvorsitzenden, der Leitung des Personalressorts und den Sponsoren.

Roll-out der Lösung in die Breite

Eine Umsetzung und Implementierung der Projektergebnisse fand während der Laufzeit des Programms nicht statt. Es war aber nicht ausgeschlossen, dass eine Lösung durch die Long Term Task (LTT) zumindest beeinflusst werden könnte.

4.1.2.3. Formen des Sets

Projekt aus der eigenen Aufgabe vs. Projekt aus einer fremden Aufgabe

Für alle Teilnehmer unterschied sich die Projektaufgabe von ihrer Tagesarbeit. Einige hatten aber eine engere Beziehung dazu als andere.

Projekt in der eigenen Organisation vs. Projekt in einer anderen Organisation (oder einem anderen Organisationsteil)

Bei dieser Projektaufgabe waren prinzipiell alle Niederlassungen betroffen. Insofern recherchierten die Teilnehmer in ihrer eigenen Niederlassung, aber auch darüber hinaus. Betrachtet man im engeren Sinn die Funktionen der Teilnehmer, gab es viele, deren Abteilung nicht direkt von der Projektaufgabe betroffen war.

Ein gemeinsames Projekt für das Team vs. jeder Teilnehmer hat sein eigenes Projekt

Jedes Team hatte eine Projektaufgabe, die es nur gemeinsam lösen konnte.

Vollzeit-Action-Learning vs. Teilzeit-Action-Learning

Für alle Teilnehmer war das IQP insgesamt, und damit auch die Long Term Task als Action-Learning-Aufgabe, zusätzlich zur Tagesarbeit zu bewältigen. Den Vorgesetzten der Teilnehmer wurde empfohlen, ihren Mitarbeitern in einem gewissen Umfang Zeit einzuräumen, und den Teilnehmern wurde empfohlen, dies mit ihren Vorgesetzten auszuhandeln. Viele Teilnehmer berichteten, dass sie ihre Tagesaufgabe uneingeschränkt durchführten, es gab aber auch Fälle, in denen Teilnehmer gewisse Freiräume eingeräumt bekamen.

4.1.2.4. Projektmanagement

Einführung des Themas im Programm A

Im Rahmen des Summer Seminars erhielten die Teilnehmer einen Überblick zum Thema Projektmanagement, der klassische Aspekte und prozessorientiertes Vorgehen beinhaltete.

a. Klassisches Projektmanagement

Zielvorgabe

Es gab eine Zielvorgabe für alle Teams und daran anschließend eine konkrete Zielabsprache mit dem Sponsor.

Zeitliche, finanzielle, personelle und andere Begrenzungen

Eine zeitliche Begrenzung ergab sich durch die Struktur des Programms, ein Kostenbudget im engeren Sinn gab es nicht. Kosten mussten mit dem Sponsor und ggf. der internationalen Personalentwicklung abgesprochen werden. Personelle Begrenzungen waren durch die Teammitgliedschaft gegeben. Darüber hinaus gab es eine definierte regionale Begrenzung.

Abgrenzung gegenüber anderen Vorhaben

Mit dem Projektauftrag war die Abgrenzung gegeben. In einer Region kam es zu Konflikten, als ein Team Vorschläge machte, die von den dortigen Verantwortungsträgern als Einmischung verstanden wurden.

Projektspezifische Organisation

Jedes Team bestimmte einen Projektleiter als Koordinator. Außerdem gab es in Absprache mit dem Sponsor einen klar gegliederten Projektplan.

b. Prozessorientierte Steuerung

- Macht, Veränderungsenergie, Widerstände und Vernetzungen

Eine prozessorientierte Steuerung der Projekte erfolgte nicht. In einem Fall unterstützten die Berater, als es zu einem Konflikt zwischen Team und Sponsor kam, der den Projekterfolg gefährdete.

c. Durchbruchsstrategie

Die Logik der Breakthrough Strategy wurde nicht verwendet. Es wurde nicht ein kleiner Ausschnitt des Gesamtproblems ausgewählt und umgesetzt, um dann anhand der Lernerfolge nächste Schritte zu planen, sondern im Gegenteil die Gesamtsituation weltweit analysiert, ohne in die Umsetzung zu gehen. Allerdings wurde in einem Fall ein besonders brennendes Beispiel herangezogen.

Ergebnisorientierung

Es wurden keine Ergebnisse erzielt, sondern Analysen für Entscheidungsträger vorgenommen.

Durchbruchsziel (messbar)

Ein Durchbruchsziel im Sinne der Umsetzung wurde nicht definiert.

4.1.2.5. Strukturelle Merkmale des Ablaufs

Action-Learning-Aufgabe

Die Action-Learning-Aufgabe wurde in diesem Programm als Long Term Task (LTT) oder auch gelegentlich Long Term Project bezeichnet.

Workshop-Struktur

Das Programm wurde in drei Workshops durchgeführt, die als Kick-off-Meeting (=Start-up-Workshop), Summer Seminar (=Zwischen-Workshop) und Final Seminar (=Abschluss-Workshop) bezeichnet wurden.

Vor dem Start wurde für die Führungskräfte der Teilnehmer bzw. die Länderchefs der entsendenden Niederlassungen zur Vorbereitung auf ihre Rolle das schon erwähnte Seminar „Coaching for the Coaches“ durchgeführt.

Start-up-Workshop

Diese Funktion hatte im IQP das Kick-off-Meeting:

Das Kick-off-Meeting dauerte eine Woche und war in mehrere Teile gegliedert. Der erste Teil bestand aus einem Teambuilding, in dem die Teilnehmer miteinander und mit dem Setting des Seminars vertraut werden konnten, Hemmungen abbauten und Spielregeln für den Umgang in einem solchen interkulturellen Programm vereinbarten.

Der anschließende Block war die Potenzialanalyse, die als zweitägiges Assessment Center durchgeführt wurde. Dieser Schritt wurde als notwendig erachtet, um zu Beginn dieses ca. einjährigen kostenintensiven Programms abschätzen zu können, bei welchen Teilnehmern tatsächlich eine erfolgreiche Teilnahme zu erwarten war. So mussten in dem hier betrachteten Zeitraum tatsächlich einige Teilnehmer nach der Potenzialanalyse aus dem Programm ausscheiden und wieder abreisen.

Systematisch gesehen kann nicht ausgeschlossen werden, dass kulturelle Faktoren die Entscheidungen in der Potenzialanalyse mitbeeinflusst haben, zumal es nicht gelang, den beurteilenden Staff international oder gar interkontinental zu besetzen, und damit praktisch alle Assessoren aus dem deutschsprachigen Raum stammten (einige hatten allerdings Auslandserfahrung). Auf der anderen Seite wurde mit der Auswahl im Ergebnis sichergestellt, dass fast alle Teilnehmer das Programm erfolgreich absolvierten.

Der letzte Teil des Kick-off-Meetings war dem Auftakt der Long Term Task gewidmet. Die Sponsoren stellten die Action-Learning-Aufgabe vor und diskutierten das Vorgehen mit den Teilnehmern. Bei dem hier betrachteten Programm war klar, dass es drei regionale Gruppen für Europa, Asien und Amerika geben würde. Diese erarbeiteten einen Projektplan für die Zeit bis zum nächsten Seminar und verabschiedeten ihn gemeinsam mit dem Sponsor.

Schließlich wurden Selbstlernmaterialien, so genannte Kompendien, verteilt, die zwischen den Seminaren zu bearbeiten waren. Diese Arbeitsergebnisse mussten zwischenzeitlich eingeschickt werden und wurden von den Trainern ausgewertet.

Zwischen-Workshops

Es gab einen Zwischen-Workshop, der als Summer Seminar bezeichnet wurde und ca. 6 Monate nach dem Kick-off-Meeting stattfand:

„Im zweiwöchigen Summer Seminar werden Theorie und Praxis verknüpft. Bezug nehmend auf die Kompendien werden verschiedene Themen aufgearbeitet. Der Schwerpunkt liegt jedoch auf interaktiven Erfahrungs- und Übungsaufgaben.

Die ersten Ergebnisse des Long Term Project werden präsentiert und diskutiert. Gemeinsam mit den Produktmanagern werden die bis dahin erzielten Resultate analysiert und die nächsten Schritte bis zur Abschlusspräsentation geplant...

Vorstände und Topmanager sind zu Abendveranstaltungen eingeladen, um über aktuelle Themen, über Strategien und Geschäfte zu berichten und gemeinsam mit den Teilnehmern darüber zu diskutieren.

Ein weiterer wesentlicher Bestandteil dieses Bausteines ist Lernen und Reflexion anhand erneuter Feedbackschleifen. Neben dem stärker inhaltlich orientierten Feedback der Sponsoren zum Stand des Long Term Project erhalten die Teilnehmer wieder ein persönliches Feedback von den Beratern und geben sich wechselseitig Feedback, um ein facettenreiches Bild von den eigenen Wirkungen zu erhalten und gleichzeitig ihre interkulturelle Sensibilität zu erhöhen.“ (Hauser et al., 1999, S.151)

Im Anschluss an das Summer Seminar setzten die Teilnehmer ihre Arbeit an der Long Term Task fort und bearbeiteten weitere Kompendien.

Abschluss-Workshop

Der Abschluss fand im Final Seminar statt, welches von Sonntagnachmittag bis Freitag dauerte. Dieses war folgendermaßen aufgebaut:

„Auf der inhaltlichen Seite steht die Präsentation der Long Term Task-Ergebnisse vor den Sponsoren und dem Vorstand im Mittelpunkt, wodurch der Leistungsaspekt noch einmal sehr betont wird. Darüber hinaus werden die Themen Management und Vertrieb aufgegriffen, um auf die Zeit nach dem Ende des Programms vorzubereiten." (Hauser et. al., 1999, S. 151)

Neben dem Inhalt wurden der Lernprozess und die persönliche Entwicklung thematisiert:

„Auf der Prozessebene geht es darum, die Erfahrungen mit der Projektarbeit im virtuellen Team sowie mit der Arbeit an den Kompendien aufzuarbeiten und Konsequenzen für die eigene Arbeit beziehungsweise Entwicklung zu ziehen. Die Teilnehmer werten ihr eigenes Verhalten aus, reflektieren ihre persönlichen Ziele und führen im Anschluss eine Planung für die Zeit nach dem offiziellen Ende des Programms durch." (Hauser et al., 1999, S. 151)

Der letzte Teil des Seminars war die Präsentation der Ergebnisse der Long Term Task vor dem Vorstand und anderen Gästen. Daran anschließend wurden Zertifikate an die Teilnehmer überreicht und es begann eine „Graduation Party".

Action Learning in Programm A

Action Learning in Form der Long Term Task startete im Kick-off-Seminar, wurde über das ganze Jahr virtuell und im Summer Seminar bearbeitet und kam mit der Präsentation vor dem Vorstand im Final Seminar zum Abschluss.

Set Meetings

Die Sets oder Teams trafen sich in den Workshops und in Einzelfällen außerhalb, in der Regel in Abstimmung mit dem Sponsor (=Client). Ausnahme war ein Krisenfall, in dem zeitweilig kein Sponsor zur Verfügung stand.

Kommunikations-Plattform

Im Betrachtungszeitraum gab es noch keine elektronische Kommunikations-Plattform, es war aber geplant, eine solche künftig einzuführen. Die virtuelle Kommunikation im Projekt lief daher, soweit es um Dokumente ging, vorwiegend über Fax und Email.

Distance Learning (Selbstlern-Materialien)

In Programm A wurden Selbstlernmaterialien für die Zeit zwischen den Seminarblöcken eingesetzt. Diese Lehrtexte bezeichnete man als Kompendien. Diese waren mit einem Aufgabenblatt versehen. Die Teilnehmer bearbeiteten die Kompendien und beantworteten schriftlich die Fragen. Die bearbeiteten Aufgabenblätter mussten zu jeweils festgesetzten Zeitpunkten an die Internationale Personalabteilung eingeschickt werden, um dann von PE und den Trainern ausgewertet zu werden.

Kompendien existierten zu folgenden Themen: Kommunikation, Betriebswirtschaftliche Grundlagen, Präsentation und Rhetorik, Vertrieb, Marketing, Management und Leadership, Zeit- und Selbstmanagement, sowie ein aktuelles Managementbuch.

4.1.2.6. Rollen im Action-Learning-Programm

Der Sponsor, der die notwendige Positionsmacht besitzt, um Action Learning den Rücken zu stärken.

Im IQP wurde die Unterstützung auf Initiative der internationalen Personalentwicklung von der Firmenleitung, repräsentiert durch den Vorstand Personal und den Vorstandsvorsitzenden, gegeben.

„Die Unternehmensleitung bringt qua Position politisches Gewicht in das Programm. Sie ermöglicht durch die finanziellen Ressourcen die Existenz und die Freiräume für die Ausgestaltung des Programms. Das zeigt aber auch, inwieweit das Programm akzeptiert und anerkannt ist. Vorstandsmitglieder sind involviert in die Gewinnung der Sponsoren, sie diskutieren mit den Coaches über deren Aufgaben und geben den Teilnehmern des IQP-Programms Einblicke in die Sichtweise der Geschäftsleitung. Bei der Abschlusspräsentation der Long Term Task stehen sie als kritische Diskussionspartner zur Verfügung." (Hauser et al., 1999, S. 155 f.)

Der Client, der als Kunde an der Implementierung von Ergebnissen unmittelbar interessiert ist

Dieser wurde im IQP als Sponsor bezeichnet:

„Die Sponsoren sind die Auftraggeber für die in der Long Term Task bearbeiteten Projekte. Bisher kamen als Sponsoren stets Produktmanager zum Einsatz, die in der Zentrale angesiedelt sind. Sie sind den verantwortlichen Personalentwicklern durch die räumliche Nähe persönlich bekannt. Ihre Aufgabe ist es, Projekte zu definieren und zu begleiten, die den zuvor genannten Anforderungen entsprechen. Geeignete Projekte zu finden, die für die Organisation am Ende wirklich noch von Interesse sind, Sponsoren zu gewinnen, die bei einer hohen Veränderungsgeschwindigkeit der Organisation nach einem Jahr noch Interesse an den erarbeiteten Ergebnissen haben und die erfolgreiche Zusammenarbeit zwischen Sponsoren und

Projektgruppe haben sich als erfolgskritische Faktoren herausgestellt.“ (Hauser et al., 1999, S. 155)

Das Set, die Gruppe von ca. 6 Teilnehmern, die die Action-Learning-Aufgabe bearbeiten

In dem betrachteten Programm gab es drei Sets, die als Project Teams für die Long Term Task bezeichnet wurden. Die Sets waren regional getrennt nach Europa, Asien und Nord- und Südamerika.

Der einzelne Teilnehmer, der unterschiedliche Bezüge zum Projekt haben kann, je nachdem ob es z.B. den eigenen Job bzw. die eigene Organisation betrifft oder nicht

„Die Teilnehmer kommen aus allen Ländern der Erde, in denen Unternehmen A vertreten ist, außer Deutschland, wobei die Faustregel gilt, jeweils nur ein Teilnehmer pro Land in einem Programm. Diese Regel wurde nur in einzelnen Ausnahmen gebrochen.“ (Hauser et al., 1999, S. 154 f.)

Für die Teilnehmer war das Programm in mehrerlei Hinsicht anspruchsvoll:

„Sowohl die Art und Weise des Lernens als auch der Umfang der zusätzlichen Arbeit, der mit dem IQP verbunden ist, stellt die Teilnehmer vor extrem hohe Herausforderungen. Für sie ist es aus Sicht ihrer Landesorganisation eine Auszeichnung, für das Programm nominiert worden zu sein. Gleichzeitig besteht in der Heimatorganisation eine hohe Erwartung an den Teilnehmer. Er soll gleichzeitig am Programm erfolgreich teilnehmen, sich weiterentwickeln und damit die eigene Landesgesellschaft würdig vertreten, aber auch das Tagesgeschäft in vollem Umfang bewältigen.“ (Hauser et al., 1999, S. 154 f.)

Der Tutor, der von außen oder aus der Organisation Fachbeiträge einbringt.

Fachbeiträge kamen von unterschiedlichen Referenten aus der Organisation. Darüber hinaus gab es externe Trainer und Berater für bestimmte Inputs. Action-Learning-gesteuerte Inputs im Rahmen der Long Term Task kamen von internen Fachleuten.

Der Set Adviser, Coach oder Facilitator, der das Lernen fördert, die Gruppendynamik adressiert und den Projektfortschritt begleitet

Im Rahmen des IQP kam diese Rolle den Beratern zu, die sich als Consultant oder Facilitator bezeichneten, in Ausnahmefällen wurde sie auch von einem Sponsor oder einem Mitglied der Internationalen Personalentwicklung wahrgenommen.

Weitere Rollen: Internationale Personalentwicklung

Eine weitere wichtige Rolle im IQP war diejenige der internationalen Personalentwicklung. Diese nahm nicht nur Aufgaben der Kommunikation und einer Informationsdrehscheibe wahr, sondern war auch in allen Workshops präsent und betreute das politische Umfeld:

„Die internationalen Personalentwickler stellen die internen Treiber für dieses Programm dar. Sie spielen eine wichtige Mittlerfunktion zwischen den verschiedenen Beteiligten. Einerseits orientieren sie sich an der Strategie des Unternehmens, andererseits an den Bedürfnissen des dezentralen, operativen Geschäfts. Diese unterschiedlichen Sichtweisen zusammenzubringen, die daraus resultierenden Konflikte bearbeit- und besprechbar zu machen sowie neue Konzepte ins Rollen zu bringen, sind wichtige Aufgaben, um Personal- und Organisationsentwicklung zu unterstützen." (Hauser et al., 1999, S. 154)

Weitere Rollen: Coach

Der Coach kam aus der Heimatorganisation des Mitarbeiters, in der Regel war er sein Vorgesetzter oder übergeordneter Vorgesetzter. Er sollte helfen, die Erfahrungen im Action-Learning-Programm vor Ort zu integrieren. Darüber hinaus unterstützte er bei der Lernplanung:

„Die Coaches betreuen die Teilnehmer vor Ort in der lokalen Organisationseinheit. In der Regel sind dies die direkten Vorgesetzten der Teilnehmer, manchmal aber auch die Landesleiter. In den ersten Jahren wurden sie telefonisch oder über Briefe einbezogen. Durch das Feedback der Teilnehmer entstand die Idee eines Coaching-Workshops für die Coaches. ... Die Coaches treffen die erste Entscheidung, wer am IQP teilnehmen soll und sie sind vor Ort der Ansprechpartner für die Teilnehmer. ...Die Coaches sind aber beispielsweise auch dann wichtig, wenn es darum geht, für die Projektarbeit geeignete Ansprechpartner zu finden, Beziehungen zu nutzen, Informationen zugänglich zu machen und auch technisch (z.B. Telefonkonferenzen, E-Mail-Anschluss, Software) für adäquate Ressourcen zu sorgen." (Hauser et al., 1999, S. 155)

4.1.2.7. Lernen und Reflexion

a. Tacit School – Lernen als impliziter Akt

Dieser Ansatz wurde in Programm A nicht vertreten.

Kein Lerncoach

In Programm A gab es mit den externen Beratern Lerncoaches.

Projektlernen erfolgt implizit und wird nicht ausgewertet

Lernerfahrungen werden in den Seminaren explizit ausgewertet.

b. Scientific School – Lernen als rationale Soll-Ist-Abweichung

Exploratives Lernen (Questioning einer neuartigen Situation)

Es kam zu einer weltweiten Exploration vor Ort durch die Teilnehmer.

Theoriewissen (Programmed Learning) nach den Erfordernissen der Exploration

In Programm A wurde in beträchtlichem Umfang Theoriewissen angeboten, unabhängig von den speziellen Erfordernissen der Exploration. Es kam aber auch durchaus vor, dass die Bearbeitung der Long Term Task dazu führte, Experten gezielt einzubeziehen.

Lernen als Abweichung tatsächlicher von erwarteten Ergebnissen

Dies wurde nicht systematisch analysiert.

c. Experiential School – Lernen als systematisch geplante und unterstützte Aktion

Systematische Lernphasen

Im IQP gab es eine seminarbezogene Lernsystematik, die weitgehend unabhängig war von der Action-Learning-Aufgabe. Diese wurde durch eine Abfolge von Gutachten repräsentiert. Die Gutachten wurden im Anschluss an die Seminare von den externen Beratern und der Personalentwicklung erstellt und standen auch dem Teilnehmer und seinem Coach zur Verfügung.

Lernplanung

Eine Lernplanung wurde vom Teilnehmer selbst vorgenommen. Dabei flossen Ergebnisse der Gespräche mit seinem Coach und den Beratern ein.

Umsetzung

Die Umsetzung erfolgte im Action-Learning-Projekt und in der Back-Home-Situation vom Teilnehmer selbst gesteuert. Es lag in der Hand des Teilnehmers ggf. das Action-Learning-Team einzubeziehen.

Review der Lernergebnisse

Ein Review der Lernergebnisse erfolgte durch die Berater schriftlich im jeweils nächsten Gutachten und mündlich im Gespräch zwischen Teilnehmer und Berater.

Schlussfolgerungen

In diesen Gesprächen wurden Schlussfolgerungen gezogen und ggf. Maßnahmen vereinbart.

Unterstützung im Lernprozess

Die Teilnehmer erhielten durch die Gutachten sowie Auswertungs- und Beratungsgespräche konkrete Unterstützung und Hinweise für den Lernprozess. Bei Blockaden in der Organisation griff auch die Internationale Personalentwicklung hilfreich ein.

Learn how to learn

Lernmethodik wurde nicht explizit vermittelt.

Persönlicher Entwicklungsplan

Die Gutachten enthielten einen ausgiebigen Teil „Room for improvement". Dieser kann zumindest als persönlicher Entwicklungsbedarf interpretiert werden. Allerdings war dies der Entwicklungsbedarf, der von außen gesehen wurde, nicht vom Teilnehmer selbst. Im ersten Gutachten war dies die Sicht der Beurteiler im Assessment Center (Leitende Manager der Zentrale, Mitarbeiter der Personalentwicklung und externe Berater), später die Sicht der beiden externen Berater und der Personalentwicklerin. Die Teilnehmer waren insofern einbezogen, als mit ihnen begleitend Gespräche geführt wurden, in denen sie ihr Verständnis der Situation und ihre Schwerpunktsetzung einbringen konnten.

Lernvereinbarung

Eine Lernvereinbarung wurde mit den einzelnen Teilnehmern in mündlichen Gesprächen getroffen. Dies insbesondere dann, wenn ein Teilnehmer Fragen zu einem Gutachten hatte.

Lerntagebuch

Ein Lerntagebuch war kein Seminarbestandteil.

Lernen aus der Arbeit der anderen Teammitglieder

Dieses geschah implizit in den Teams. Zwischen den Teams gab es Vergleiche der gewählten Methodik.

Gruppendynamik auswerten

Es gab Auswertungen der virtuellen Arbeitsphasen zwischen den Seminaren. Die Gruppendynamik wurde bei Störungen angesprochen.

Diskussion des Lernprozesses und der Lernergebnisse

Lernprozess und Lernergebnisse wurden im Rahmen der Gutachten thematisiert und fortgeschrieben. In den Einzelgesprächen wurde dies mit den Teilnehmern diskutiert.

Projektreview

Ein Projektreview fand im Rahmen des Projektabschlusses zwischen Projektteam und Sponsor statt. Ausmaß und Intensität waren abhängig von dem (unterschiedlichen) Engagement des Sponsors. Es gab dafür keine Systematik.

Einzelcoaching

Beratungsgespräche zwischen Beratern und Teilnehmern wurden im Zusammenhang mit Potenzialanalyse und Gutachten durchgeführt.

d. Critical Reflection School - Lernen als Hinterfragen handlungssteuernder Annahmen

Die Critical Reflection School war in Programm A keine vorherrschende Philosophie. Insofern gab es gelegentlich manche Elemente, die an diese Schule erinnern, aber kein systematisches Hinterfragen handlungssteuernder Annahmen.

Reflexion der Persönlichkeit des Problemlösers

Im Rahmen des Action-Learning-Projekts wurde die Persönlichkeit des einzelnen Problemlösers nicht reflektiert. Es gab allerdings auf der Ebene des Gesamtprogramms Feedbackrunden, in welchen sich alle Teilnehmer Rückmeldung darüber gaben, wie sie einander erlebt haben. Dabei flossen sicherlich auch Erfahrungen aus den einzelnen Projektteams ein.

Im Rahmen der Einzelgespräche mit den Beratern konnten die oben aufgeführten Punkte angesprochen werden. Sofern dies geschah, entwickelte es sich aber aus der jeweiligen Situation im Einzelgespräch und war nicht systematisch vorgesehen oder gar geplant.

Handlungssteuernde Annahmen und Verhaltensmuster

In einigen Fällen, in denen es aufgrund des Verhaltens eines Teilnehmers wiederholt zu Konflikten kam, wurden die Annahmen, die sein Handeln steuerten, thematisiert. Dies geschah aus der Einzelsituation in der Beratung heraus und war keine generelle Interventionsstrategie.

Wie verändere ich mich?

Der Aspekt der Selbsttransformation wurde nicht thematisiert.

Reflexion des Problemverständnisses des Problemlösers

- Erweitern der eigenen Perspektive
- Problemsicht aus unterschiedlichen Perspektiven

- Wahrnehmungsfehler aufdecken
- (Verdeckte) Erwartungen

Die Projektaufgabe führte implizit zur Erweiterung der Perspektive. Schon durch die parallele Erarbeitung in drei unterschiedlichen geographischen Regionen ergaben sich neue Perspektiven. Dazu kam die Sicht verschiedener Personen, die von den Teams befragt wurden. Insgesamt wurden aber eher faktische Unterschiede in verschiedenen Kontinenten betrachtet als unterschiedliche Annahmen verschiedener Beteiligter.

Eine Reflexion des Problemverständnisses sowie der offenen und verdeckten Erwartungen fand, wenn überhaupt, nur ansatzweise z.B. zwischen Sponsor und Projektteam statt. Ausgangspunkt war in einem Fall ein Konflikt aufgrund unterschiedlicher unklar kommunizierter Erwartungen zwischen einem Sponsor und seinem Team.

Reflexion des Umfelds im Unternehmen

- Normen der Organisation
- Widersprüche zwischen Werten/Normen der Organisation und des Problemlösers

Die Rekonstruktion von Normen der Organisation und etwaigen Widersprüchen zu eigenen Werten der Problemlöser wurde im Rahmen der Long Term Task als Action-Learning-Aufgabe nicht thematisiert.

Im Rahmen des Programms wurden solche Widersprüche allerdings an einer ganz anderen Stelle deutlich, nämlich in der Auswertung des Assessment Centers. Hier wurde klar, dass manche Teilnehmer den Normen der Organisation nicht oder nicht im gewünschten Ausmaß entsprachen. Es wurde von einigen Beurteilern die Hypothese geäußert, dass hier neben persönlichen Einstellungen der Betroffenen unterschiedliche interkulturelle Prägungen (z.B. zwischen deutschen Herkunftskultur des Unternehmens und Teilnehmern aus dem chinesischen oder indischen Kulturraum) eine Rolle spielten.

Die interessante Frage, was die Globalisierung für die traditionellen Normen und Werte von gewachsenen Unternehmen bedeutet, kann hier jedoch nicht erörtert werden.

4.1.3. Einschätzung von Programm A

Bei Programm A handelte es sich nach der obigen Analyse um ein Action-Learning-Programm, welches vorwiegend Elemente der Scientific School sowie der Experiential School verwendet hatte. Abschließend soll nun eine Einschätzung vorgenommen werden, inwieweit das Programm, so wie es angelegt war und durchgeführt wurde, geeignet war, damit die Zielsetzungen von Action Learning zu erreichen, wie sie in Kapitel 1 dargestellt wurden. Dabei wird jeder dort genannte Aspekt wie folgt auf einer Skala gewertet:

0 = Nicht geeignet

+ = Etwas geeignet

++ = Gut geeignet

+++ = Sehr gut geeignet

Die Einschätzung erfolgt aufgrund des Designs und der (erlebten) Durchführungspraxis im Beobachtungszeitraum. Es wird für jeden Aspekt dargelegt, wie die Einschätzung zustande gekommen ist.

Tab. 4.1: Nutzeneinschätzung Programm A

Programm Kompetenzen	A
Lösungskompetenz (F)	+++
Umsetzungskompetenz (A)	0
Sozialkompetenz (S)	+++

Teamkompetenz (S)	+++
Netzwerkkompetenz (S)	+++
Innovationskompetenz (F)	+
Reflexionskompetenz (P)	+
Unternehmens- und Geschäftskompetenz	+++
Unmittelbarer Nutzen für das Unternehmen	+

Kompetenzen für Führungskräfte

Lösungskompetenz

In der Action-Learning-Aufgabe setzten sich die Teilnehmer mit einer anspruchsvollen Aufgabe auseinander. Sie erstellten weltweit sorgfältige Analysen und erarbeiteten Lösungsansätze. Es gab in Programm A allerdings kaum Methodik oder Tools zum Aufbau von Lösungskompetenz. Die Professionalität hing daher in hohem Maße von Methodenwissen und Engagement der verschiedenen Sponsoren (=Clients) sowie der Eigeninitiative der Teilnehmer ab. Die trotz gelegentlicher Widerstände erfolgreiche Bearbeitung der Aufgabe war insofern eine Gelegenheit, Lösungskompetenz zu entwickeln.

Umsetzungskompetenz

Für die Entwicklung von Umsetzungskompetenz gab es im Action Learning von Programm A keinen Ansatz. Die Long Term Task wurde mit einer Analyse abgeschlossen. Ob und ggf. in welcher Form eine Umsetzung stattfinden würde, wurde erst nach Beendigung des Programms entschieden.

Sozialkompetenz

Die Teilnehmer waren über die Laufzeit ihres Programms in Feedbackprozesse eingebunden, die ihnen Chancen boten, in einem internationalen Umfeld an ihrem Auftreten zu arbeiten und ihre

Sozialkompetenz auszubauen. Aushandlungsprozesse gab es insbesondere mit den Sponsoren (Clients) der Projekte und in geringerem Ausmaß bei der Durchführung von Analysen vor Ort. Dazu kamen Absprachen mit der eigenen Hierarchie, um die Anforderungen und Ressourcenkonflikte von Programm und Tagesarbeit austarieren zu können. Für die Entwicklung von Sozialkompetenz war es sicherlich hilfreich, dass auch die Führungskräfte der Teilnehmer über ein spezielles Coachingseminar eingebunden waren.

Teamkompetenz

Ein besonderes Merkmal von Programm A ist seine Internationalität. Dadurch bot es Teilnehmern aus der ganzen Welt die Möglichkeit, gemeinsame Verhaltensstandards zu entwickeln und Teamkompetenz aufzubauen. Dies wurde noch dadurch unterstrichen, dass nur ausnahmsweise mehr als ein Teilnehmer pro Land an einem Programm teilnehmen konnte. Dadurch wurde der virtuelle Teamaspekt besonders hervorgehoben.

Die Auswertung der Teameffektivität erfolgte in den Seminaren und gelegentlich gab es auch bei Set-Meetings Feedbackrunden.

Netzwerkkompetenz

Den Teilnehmern war es durch die Konstellation des Programms möglich, sich neben der Zentrale gleichzeitig mit einer Vielzahl von Landesgesellschaften zu vernetzen und auszutauschen. Die internationale Personentwicklung gab dabei ein gutes Modell für Netzwerkarbeit. Gleichzeitig gab es jährliche Netzwerkveranstaltungen für alle ehemaligen Programmteilnehmer.

Die Teilnehmer konnten so einige Faktoren effektiver Netzwerkarbeit praktizieren, nämlich wechselseitige Befriedigung von (Informations-) Bedürfnissen, persönlicher Kontakt, aktive Pflege der Beziehungen im virtuellen Raum.

Innovationskompetenz

Die Teilnehmer analysierten in den Projekten vorhandene Praktiken und Denkgewohnheiten. In einem Fall suchten die Teams nach Lösungen, nachdem der Bezugsrahmen des Projekts die traditionell lokale Sicht auf eine globale Sicht erweitert hatte. Es gab jedoch keine Hinweise, wie man eingefahrene Denkgewohnheiten verlässt oder kreativ erweitert. Der innovative Lerneffekt in den Projekten war daher eher gering.

Reflexionskompetenz

In Programm A gab es regelmäßig in jedem Seminar Anregungen zur Reflexion, sowohl in persönlichen Beratungen als auch in schriftlichen Gutachten und in Feedbackprozessen. Diese Reflexionen hatten jedoch einen relativ engen Fokus, nämlich Stärken und Schwächen.

Nicht systematisch reflektiert wurden beispielsweise Verhaltens- und Denkmuster der Person, Werte im Umfeld und in der Organisation sowie Unterschiede zwischen den verschiedenen Werten verschiedener Partner und Kulturen (regional und im Unternehmen).

Unternehmens- und Geschäftskompetenz

Die Teilnehmer kamen in der Regel aus der überschaubaren Welt eines einzelnen Standorts. Das Programm und die Action-Learning-Aufgabe boten daher viele Möglichkeiten das Unternehmen besser zu verstehen und sicherer zu werden im Umgang mit wichtigen Partnern und in der Einschätzung der Relevanz vieler Aspekte. Gleichzeitig hatten sie Gelegenheit, das Geschäft gerade in der Action-Learning-Aufgabe ganzheitlich und in globaler Perspektive zu betrachten. Für den Ausbau ihrer Unternehmens- und Geschäftskompetenz bot dies sehr gute Möglichkeiten.

Unmittelbarer Nutzen für das Unternehmen

Das Ergebnis der Action-Learning-Aufgaben in Programm A ist eine Analyse. Eine Analyse kann durchaus sinnvoll sein, wenn sich daran bestimmte Handlungen anschließen, die Nutzen bringen. Im Betrachtungszeitraum war es auch so, dass der Vorstandsvorsitzende von Unternehmen A gefordert hat, dass die Teams anspruchsvollere Ergebnisse vorlegen. Dies hat sicherlich dazu geführt, den Teams ein wirklich geschäftsrelevantes Thema zu geben. Dennoch wurde die Grundphilosophie nicht geändert und die Teams haben sich weiterhin auf die Erarbeitung von Analysen beschränkt, wohingegen die Umsetzung nicht Teil der Aufgabe war. Der unmittelbare Nutzen der Action-Learning-Ergebnisse für das Unternehmen war von daher wohl eher gering.

4.2. Action-Learning-Programm B

Das Action-Learning-Programm B wurde in einem Unternehmen durchgeführt, welches im Unterschied zu den beiden anderen hier betrachteten Unternehmen eine lange Tradition in der Ausbildung von Führungskräften besaß und daher zum Zeitpunkt der Einführung des Action-Learning-Programms bereits über eine ausdifferenzierte Seminarlandschaft verfügte.

Für das neu zu schaffende Programm hatte dies zwei Konsequenzen: Einerseits machte man sich mit professioneller Routine an die Arbeit. Zahlreiche Fachabteilungen, Arbeitskreise und interne Interessenten formulierten aus ihrer jeweiligen Perspektive und Erfahrung Anforderungen an das neue Programm.

Andererseits gab es von Beginn an aber auch Beschränkungen, da die Owner bestehender Programme großen Wert darauf legten, die Überschneidung zu bereits vorhandenen Seminaren, die teilweise seit vielen Jahren mit großem Erfolg und hoher Akzeptanz durchgeführt wurden, gering zu halten. So wurde beispielsweise die Setzung vorgenommen, dass verhaltensorientierte Bestandteile nicht Teil des neuen Programms sein sollten, da dies im Führungs-Verhaltens-Training bearbeitet wurde.

Das neue Management-Learning-Programm wurde im Unternehmen mit einer Vielzahl hoher und konkreter Anforderungen verknüpft und gleichzeitig auch mit deutlichen Beschränkungen versehen.

Zum besseren Verständnis dieser Hintergründe soll zunächst dargestellt werden, wie sich die Landschaft für Führungskräfte-Seminare im Unternehmen B bis zum Start des Action-Learning-Programms entwickelt hat, um danach das Management-Learning-Konzept im einzelnen zu analysieren.

4.2.1. Managementqualifizierung in Unternehmen B

In den nachfolgenden Abschnitten wird zunächst die generelle Logik der Seminare für Führungskräfte in Unternehmen B beschrieben, anschließend die Entwicklung der Seminarlandschaft über mehrere Stufen dargestellt und schließlich werden zwei verhaltenspsychologisch fundierte Führungsseminare vorgestellt, die zum Zeitpunkt, als das Action-Learning-Programm startete, schon seit vielen Jahren für ähnliche Zielgruppen sehr erfolgreich im Unternehmen eingeführt waren.

4.2.1.1. Managementtechnik vs. Führungsverhalten

Die Qualifizierung der Führungskräfte in Unternehmen B wurde frühzeitig in mehreren verschiedenen Strängen durchgeführt (vgl. Abbildung 4.1). In den einzelnen Bereichen des Unternehmens wurde funktions- und produktorientiert geschult, während die unternehmenseinheitlichen Veranstaltungen führungs- und problemorientiert sein sollten. Weiterhin wurde nach Managementinformation und Managementtraining unterschieden. Dies ist insofern interessant, als Informationsveranstaltungen zum Thema Management lange Zeit eine große Rolle spielten, z.B. als Informationsmärkte oder Seminare, in denen überwiegend Vorträge gehalten wurden. Schließlich wurde das Training unterschieden nach so genannten objektiven (in der Regel betriebswirtschaftlichen) Managementtechniken und Führungsverhalten.

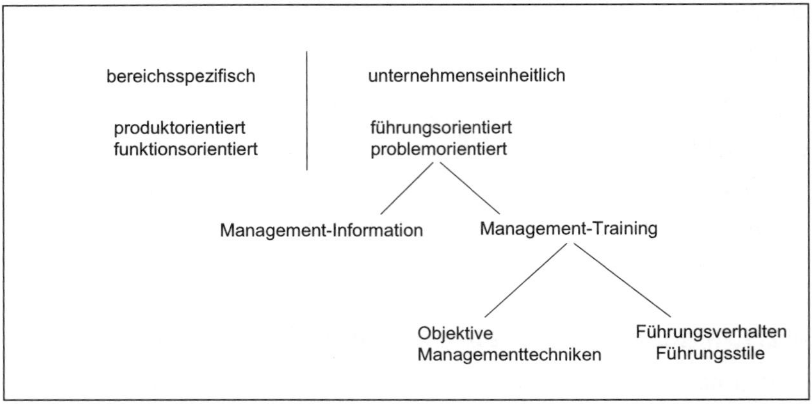

Abb. 4.1: Führungskräfteschulung in Unternehmen B (nach einer internen Broschüre des Unternehmens aus der Frühzeit der Führungskräfteschulung)

In der Praxis wurden diese Unterscheidungen wohl nie so streng gelebt. So verfügte zum Zeitpunkt der Einführung eines zentralen Führungsverhaltenstrainings eine Vielzahl der Bereiche schon über Eigenentwicklungen, die zunächst nur sehr ungern aufgegeben wurden.

Darüber hinaus waren auch viele der unternehmenseinheitlichen Seminare Mischformen aus Information und Training, wobei der Trainingsaspekt erst sehr allmählich ins Unternehmen kam und konsequent erst mit der Einführung des Seminars „Steigerung der Effektivität im Management“ nach Reddin (1988) in den 70er Jahren oder sogar erst mit dem Führungsverhaltenstraining in den 80er Jahren des letzten Jahrhunderts konsequent vertreten wurde. Am ehesten war noch die Unterscheidung zwischen Managementtechniken einerseits und Führungsverhalten andererseits von Bedeutung.

In Seminaren zu Managementtechniken wurden insbesondere Themen fokussiert, die es der Führungskraft erlauben sollten, das Geschäft effektiv und kosten- bzw. ergebnisorientiert zu steuern. Diese Seminare umfassten beispielsweise Kostenrechnung, Rechnungswesen, Marketing und Strategie, durchaus angereichert mit betriebswirtschaftlichen Planspielen (z.B. einem Unternehmensplanspiel) mit Inputs von internen und externen Fachleuten.

Seminare zum Führungsverhalten hingegen befassten sich mit dem Thema Personalführung. Dies betraf Regelungen im Umgang mit Personal, sowohl firmenseitig als auch rechtlich, den Umgang und die Zusammenarbeit mit der Personalabteilung und das Verhalten als Führungskraft in den komplexen Situationen des Führungsalltags.

Eine Dualität von Führungsverhalten und Managen des Geschäfts war damit schon frühzeitig angelegt.

4.2.1.2. Ursprünge und Systematik der Führungskräfteseminare

Führungskräfteseminare haben in Unternehmen B eine lange Tradition, die bis in die sechziger Jahre des letzten Jahrhunderts zurückreicht. Am Beginn standen Seminare für die Meister, für die ein eigenes Schulungshaus eingerichtet wurde.

Ebenfalls in den sechziger Jahren wurde mit Seminaren für junge Führungskräfte, dem so genannten Grundseminar, und Seminaren für obere Führungskräfte begonnen, später ergänzt um das so genannte Förderungsseminar für Führungskräfte im mittleren Bereich der Karriereleiter.

Zu dieser Dreiteilung kamen in den siebziger Jahren auf der Ebene der oberen Führungskräfte das schon erwähnte Seminar „Steigerung der Effektivität im Management“ nach Reddin (1988) und in den achtziger Jahren auf der Ebene der jüngeren Führungskräfte das

Führungsverhaltenstraining als verhaltensorientierte Bestandteile dazu.

Die bis weit in die Achtziger Jahre gültige Systematik der Führungskräfteseminare sah demnach wie folgt aus:

Informationsmarkt für Führungskräfte: In der ursprünglichen Version handelte es sich um eine Kurzfassung des einwöchigen Grundseminars kondensiert auf einen Tag, da es unmöglich schien alle Führungskräfte, die es anging, auf das Grundseminar zu schicken und man das Grundseminar den jüngeren Führungskräften der Gruppenleiterebene vorbehalten wollte. Später wurde dieser Informationsmarkt erweitert durch eine zweite Version für fachlich orientierte Führungskräfte. Die erste außertarifliche Rangstufe in der damaligen Zeit war zu ca. 50% aus dispositiven Führungskräften und 50% aus fachlichen Führungskräften besetzt. Die Verknüpfung zwischen der gehalts- und entwicklungsrelevanten Rangstufe und dem Grad der Führungsverantwortung wurde in dieser Zeit noch stärker betont.

Inhaltliche Bestandteile der Informationsmärkte waren die Themen Einkommensbemessung, Einsatz und Förderung, sowie Ziele erreichen durch Zusammenarbeit.

Grundseminar: Information über die wichtigsten Grundsätze und Instrumente der Führung und Personalpolitik in Unternehmen B, sowie Hilfen für das Führen von Mitarbeitern und Impulse zur Verbesserung des eigenen Führungsverhaltens. Dieses einwöchige Seminar für Mitarbeiter in den ersten beiden Jahren nach erstmaliger Übernahme von Personalführungsfunktionen war stark informationsorientiert zum Thema Personalführung. Es gab allerdings auch einen so genannten „Psychologentag“ (wie übrigens zeitweise auch im Förderungsseminar), an dem verhaltensorientierte Themen besprochen wurden.

Führungsverhaltenstraining: In dieser Veranstaltung, die sich an dieselbe Zielgruppe wie das Grundseminar richtete, wurde auf inhaltliche Blocks vollständig verzichtet zugunsten des Trainings und der Supervision des Führungsverhaltens. Dieser spät hinzugekommene Baustein wird weiter unten genauer dargestellt.

Förderungsseminar: Gegenstand dieses Seminars waren betriebswirtschaftliche und geschäftspolitische Zusammenhänge mit Stichworten wie Steuerung des Unternehmens, System der Planung, Rechnungswesen und Produktivitätssteigerung, sowie Ziele und Instrumente der Personalpolitik. Zielrichtung des Seminars war, wirtschaftliches und kooperatives Denken und Handeln zu fördern. Das wiederum einwöchige Seminar war als Fördermaßnahme für Führungskräfte gedacht. Die Verknüpfung von Führungsseminaren mit ranglicher Förderung war durchaus verbreitet, so dass die Seminar-Einladung häufig kurz vor oder nach der Ernennung in die nächste Rangstufe erfolgte. Beim Grundseminar war dies die erste außertarifliche Stufe AT, beim Förderungsseminar die nächste Stufe GB (Geschäftsbevollmächtigter) und beim nächsten Seminar der Reihe, welches den Namen des Unternehmens selbst trug und hier daher Unternehmens-Seminar genannt wird, die Rangstufe OFK (oberer Führungskreis). Wer noch nicht befördert war, dem wurde spätestens mit der Seminareinladung klar, dass etwas bevorstand. Dies trug den Seminaren auch gelegentlich den spöttischen Begriff „Weihe-Seminare“ ein. Die Entkoppelung von Seminarbesuch und ranglicher Förderung war später eine wichtige Entscheidung.

Unternehmens-Seminar: Dieses Seminar vermittelte in einer sehr konzentrierten Form einen breiten Überblick über alle für die Steuerung des Unternehmens relevanten Themen, vorzugsweise betriebswirtschaftlicher und geschäftspolitischer Art. Referenten kamen sowohl aus den Fachabteilungen als auch von Hochschulen. Ein Höhepunkt war das betriebswirtschaftlich ausgelegte Unternehmensplanspiel. Das Seminar sollte Business-School-

Charakter haben und dauerte in der ursprünglichen Form drei Wochen (mit nur einem Nachmittag Freizeit oder Familienbesuch).

Steigerung der Effektivität im Management: Dieses von Reddin (1988) eingeführte und übernommene Seminar richtete sich ursprünglich ebenfalls an die Zielgruppe Oberer Führungskreis. Das im Grunddesign bereits in den fünfziger Jahren entwickelte Konzept stellt die Effektivität einer Führungskraft in ihrer Aufgabe in den Mittelpunkt. Die Betriebspsychologen des Unternehmens überarbeiteten in den siebziger Jahren die Originalunterlagen von Reddin, indem sie sie vielfach ergänzten, aber nicht grundlegend veränderten. Die sehr umfangreichen Materialien gehörten zur Pflichtvorbereitung der Teilnehmer, denen damit ein Wissenskanon zum Thema Führung zur Verfügung gestellt wurde. Die Teilnehmer hatten in diesem Zusammenhang die Gelegenheit, ihre Führungsstile zu reflektieren. Die Handhabung dynamischer Veränderungen in Organisationen war jenseits dieses Konzepts. Über die Definition von Effektivitätsbereichen und (optionalen) Zielvereinbarungs-Workshops mit den eigenen Mitarbeitern wurden jedoch Wirkungen ins Unternehmen hinein angestrebt. Darüber hinaus sollte durch die im Seminar verwendete Begrifflichkeit, z.B. „Macher“, „Gefälligkeitsapostel“, „Effektivität“ eine gemeinsame Sprache im Führungskreis gefördert werden.

Die hier beschriebene Übersicht hatte bis Ende der achtziger Jahre Gültigkeit und ging von den drei Zielgruppen junge Führungskräfte, Förderkandidaten und obere Führungskräfte aus.

1990 wurde es ersetzt durch ein „Pflichtprogramm“ für Führungskräfte. Dieses hatte mehrere Jahre Gültigkeit, bevor es ergänzt, modifiziert und schließlich selbst abgelöst wurde. Mit dem Pflichtprogramm von 1990 wurden die klassischen Führungsseminare zum Teil umbenannt, zum Teil aber auch abgelöst durch neue stärker spezialisierte Seminare.

In diesem Zusammenhang wurde auch die Verknüpfung von Seminarbesuch mit Rangstufe des Teilnehmers aufgegeben und durch aufgabenbezogene Zielgruppen ersetzt. Diese Zielgruppen wurden wie folgt definiert:

Gruppe A: Mitarbeiter mit Führungspotential

Gruppe B: Führungskräfte, die Mitarbeiter führen

Gruppe C: Führungskräfte, die Führungskräfte führen

Gruppe D: General Manager/Unternehmer

Soweit die generelle Darstellung der Ansätze zur Qualifizierung von Führungskräften in Unternehmen B. Bevor aus diesen Zusammenhängen einige Thesen zur Entwicklung von Weiterbildungsprogrammen in diesem Unternehmen abgeleitet werden, sollen zwei Bausteine genauer untersucht werden, nämlich das Führungs-Verhaltens-Training (FVT) und das Seminar „Führungsgrundsätze und Führungspraxis" (FGP), welches das völlig veränderte Nachfolgeseminar des Grundseminars wurde.

Diese Bausteine sind aus drei Gründen für diese Erörterung von Bedeutung: Sie spielen auch heute noch neben und in Ergänzung zum Management Learning eine wichtige Rolle im Unternehmen und haben eine hohe Akzeptanz bei den Teilnehmern (mit entsprechend guten Wertungen als Benchmark für alle anderen Führungsseminare). Sie stellen in Bezug auf die vorhandene Qualifizierungslandschaft zum Zeitpunkt ihrer Einführung zumindest partielle Innovationen dar. Sie beeinflussten nicht unwesentlich den Moderationsstil im Umgang mit Feedback, Teilnehmerproblemen und Selbstorganisation auch in anderen Führungsseminaren des Unternehmens.

4.2.1.3. Führungs-Verhaltens-Training

Das Führungs-Verhaltens-Training (FVT) war das erste unternehmensweite Verhaltenstraining für Führungskräfte. Es wurde ab 1986 unter Federführung der Zentralabteilung Personal (ZP) entwickelt und nach und nach in allen Bereichen eingeführt. Ab 1989 wurde es für einige Jahre zum Pflichtseminar für Führungskräfte auf der Ebene der Gruppenleiter. Gelegentliche Versuche, das Training wieder abzuschaffen, scheiterten regelmäßig, da die Bereiche daran festhielten. Das FVT hatte die interessante Konstellation, dass es einerseits eine zentrale unternehmenseinheitliche Veranstaltung war, die andererseits bereichsspezifisch durchgeführt wurde, d.h. die Teilnehmer kamen jeweils nur aus einem Bereich und es konnten auch bereichsspezifische Modifikationen innerhalb des gemeinsamen Rahmens vorgenommen werden (z.B. Etzel et al., 1993).

Für die Entwicklung und Einführung des FVT wurde von ZP ein Arbeitskreis gegründet, an dem auch die Fachverantwortlichen aller interessierten Bereiche sowie die Trainer teilnehmen konnten. Auf diese Weise war es von Anfang an möglich, alle Betroffenen einzubinden und die Akzeptanz in den Bereichen sicherzustellen. Dennoch dauerte es mehr als zwei Jahre, bis alle Bereiche des Unternehmens bereit waren, das Training durchzuführen.

Das FVT war als intensives Verhaltenstraining konzipiert worden. Dementsprechend wurden bei ursprünglich 10 Teilnehmern 2 ausgebildete Verhaltenstrainer (in der Regel Diplom-Psychologen) eingesetzt. Feedbackmedien waren sowohl die Beobachtungen der Teilnehmer als auch Aufzeichnungen mit Video.

Um Transfer und Verknüpfung mit der Praxis sicherzustellen war das FVT als Intervalltraining konzipiert worden, d.h. es gab zwei Seminarblocks mit einer zwischengeschalteten Praxisphase. Der erste Seminarblock war auf vier Tage angesetzt und wurde dazu genutzt, die Wahrnehmung von Führungsphänomenen zu erweitern und zu vertiefen (vgl. Abbildung 4.2).

Diese Sensibilisierung wurde durch systemisch aufgebaute Verhaltensplanspiele erreicht. In diesen Planspielen nahmen alle Teilnehmer unterschiedliche Rollen ein, nämlich Abteilungsleiter,

Gruppenleiter (der Zielgruppe entsprechend), Projektleiter und Mitarbeiter (vgl. Abbildung 4.3).

Es wurde ein Aktenpaket verteilt und die Instruktion gegeben, die Aufgaben innerhalb der Spielzeit zu erledigen. Die dabei entstehenden Dynamiken wurden auf Video festgehalten und in einem ausgiebigen Feedbackprozess ausgewertet. Für viele Teilnehmer war dies eine erstmalige Gelegenheit, ihr Handeln ganzheitlich und unter Beachtung der Wechselwirkungen mit dem Verhalten anderer zu reflektieren.

Die durchführenden Trainer, von denen anfangs viele aus den durchführenden Bereichen selbst sowie aus der Zentralabteilung Personal kamen und nur relativ wenige von außen, hatten einen relativ großen Spielraum, das Seminar situativ an die Erfordernisse der Gruppe anzupassen. Deswegen sollen auch die hier gezeigten Übersichten über die Seminarblocks nur als Beispiele verstanden werden. Dieser Freiraum reichte bis in die Weiterentwicklung und Neugestaltung der einzelnen Planspiele.

	Tag 1	Tag 2	Tag 3	Tag 4
09.00	10.00 Begrüßung Vorstellung Erwartungen/Programm	Kurzblitzlich/Patenwahl Führungsplanspiel 1 (Vertrieb)inkl.Projekt Auswertung	Kurzblitzlicht FPS 2 Forts. FPS3 (Brücke)	Kurzblitzlicht Gruppenfeedback Handlungsentwurf 12.00 Mittagspause
13.00	Mittagspause	Mittagspause	Mittagspause	HE Forts. 15.30 Ende
15.00	Kurzrollenspiele Feedback-Methode Auswertung der Rollenspiele	Fortsetzung FPS 2 (Personal) oder Führungserfahrungen bei Firma A und B	FPS 3 Forts. Teilnehmer-Fall	
18.30	Abendessen	Abendessen	Abendessen	
20.00		evtl. Fortsetzung		

FPS = Führungsverhaltens-Planspiel, HE = Handlungsentwurf

Abb. 4.2: Führungsverhaltens-Training (FVT) Block 1 (Beispiel)

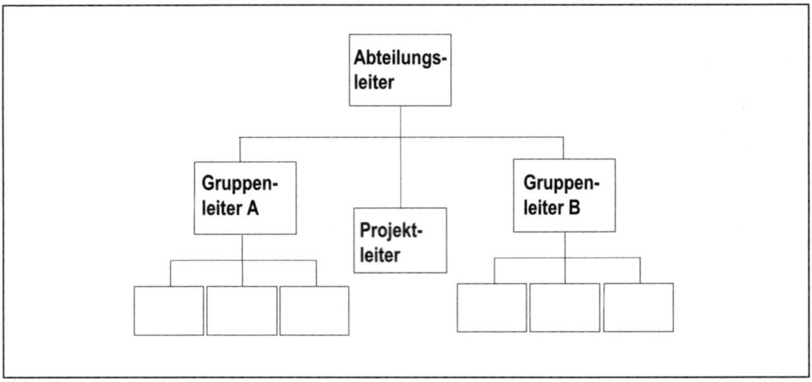

Abb. 4.3: Organigramm eines Führungsverhaltensplanspiels im FVT

So wurde im Zuge der Diskussion um Lean Management und flache Hierarchien in einigen Seminaren auch das Organigramm entsprechend verändert und es ging dann stärker darum Teamprozesse zu initiieren und zu koordinieren (vgl. Abbildung 4.4).

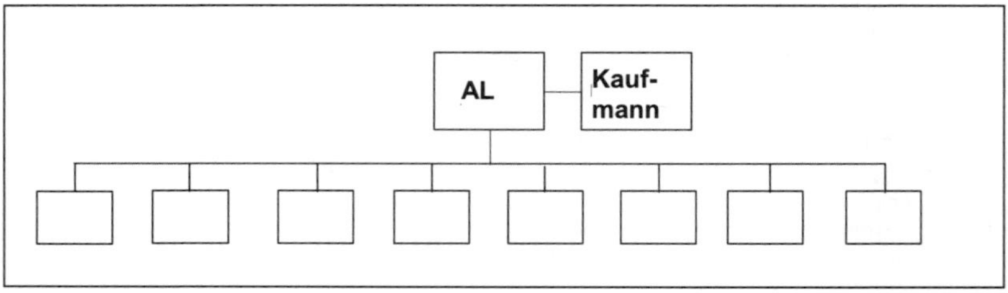

Abb. 4.4: Organigramm Führungsplanspiel Alternativdesign (Hauser, 1993)

Am Ende des ersten Seminarblocks wurde von jedem Teilnehmer ein individueller Aktionsplan erstellt, um gewonnene Erkenntnisse im eigenen Führungshandeln zu erproben.

Dieses Design des 1. Blocks führte dazu, dass alle Teilnehmer sich sehr persönlich in ihren Stärken und Schwächen kennen lernen konnten, was wiederum Vertrautheit und Offenheit schuf. Diese wurde im zweiten Seminarblock genutzt, um den Teilnehmern Gelegenheit zu geben, ihre persönlichen Führungssituationen zu bearbeiten.

	Tag 1	Tag 2	Tag 3
9.00	10.00 Warming-up Handlungsentwurf Auswertung Führungsphilosophie	Kurzblitzlicht Teilnehmerfälle	Kurzblitzlicht Gruppenfeedback Handlungsentwurf 12.00 Mittagessen
13.00	Mittagessen	Mittagessen	HE Forts. 15.30 Ende
15.00	Bearbeitung Individueller Teilnehmerfälle	Teilnehmerfälle Tundra	
18.30	Abendessen	Abendessen	
20.00		evtl. Fortsetzung	

Abb. 4.5: Führungsverhaltens-Training (FVT) Block 2 (Beispiel)

Die Auswertung der Transferphase und insbesondere die Bearbeitung der individuellen Führungssituationen standen dann im 2. Trainingsblock im Vordergrund (vgl. Abbildung 4.5). Bei der Supervision der Fallsituationen kam eine Vielzahl von Methoden und Techniken zum Einsatz. Verwendet wurden beispielsweise Methoden des Psychodramas, Balint-Gruppen und andere Vorgehensweisen. Die überwiegend eingesetzte Basistechnik war jedoch die systemische Methode des Reflecting Team nach Andersen (1996). Bei diesem Vorgehen wird das Lösungspotential und das Hintergrundwissen der ganzen Gruppe gezielt für den Einzelfall genutzt. Die grundlegenden Schritte sind in Abbildung 4.6 zusammengefasst.

- **Darstellung:** Fallbringer schildert Problem, ohne unterbrochen zu werden
- **Verständnisfragen:** Nachfragen, keine Lösungen
- **Hypothesen:** "Woran könnte es liegen, was könnte dabei eine Rolle spielen..." - Fallbringer sitzt außerhalb und hört zu
- **Auswahl:** Fallbringer wählt Hypothesen aus
- **Lösungen:** Werden gemeinsam besprochen

Abb. 4.6: Reflecting Team

Die dabei bearbeiteten Themen umfassten den gesamten Bereich des Führungshandelns, wobei stets beachtet wurde, dass der Fallbringer selbst ein Beteiligter war. Einige Beispiele zur Illustration der Bandbreite der Fälle:

- „Der Absturz“: Wie kann in einer überaus kritischen Projektphase ein wichtiger Mitarbeiter dazu bewegt werden, sich nicht ständig selbst zu überschätzen, ohne dass seine Motivation schwindet? Der Vorgesetzte dazu: „Ich könnte ihn treten für das, was er alles schon angerichtet hat, ich brauche ihn aber trotzdem.“
- „Der Lumpensammler“: Der Teilnehmer baut eine kleine innovative Abteilung auf, mit der er am Markt reüssieren will. Trotz bereits klar nachweisbarer Erfolge bekommt er nur ausgesprochene Problemfälle in seine Abteilung.
- „Ohne mich“: Die innere Kündigung eines angesehenen Kollegen zerstört das Teamklima.
- „Zwischen Baum und Borke“: Infolge einer Umorganisation hat das Team jetzt eine Querschnittsfunktion, in der es Standards einführen und überprüfen soll. Der Produktionsleiter an einem

Standort kümmert sich aber nicht darum und lebt unverdrossen die alte Welt.

In der Regel entstand in diesem Teil ein sehr offenes und konstruktives Klima, in dem die Gruppe gemeinsam an Möglichkeiten und Lösungen arbeitete, die der Betroffene in der Praxis umsetzen konnte. Nicht selten kam es nach Abschluss eines Seminars zu Follow-up-Veranstaltungen oder sonstigen Kontakten zwischen den Teilnehmern. Der Praxisbezug des Seminars war allen Beteiligten unmittelbar evident. Diese Form, mit den vorhandenen Problemen der Teilnehmer zu arbeiten, ermöglichte eine große Flexibilität. So nahmen die vielfältigen radikalen Änderungen in Unternehmen B seit Einführung des Trainings dem FVT nichts von seiner Aktualität und es wurde auch in vielen verschiedenen Sprachen in den Landesorganisationen eingesetzt.

4.2.1.4. Führungsgrundsätze und Führungspraxis

Dieses Seminar wurde als Nachfolgeveranstaltung des früheren Grundseminars ab 1994 entwickelt und eingeführt. Der Titel „Führungsgrundsätze und Führungspraxis“ (FGP) steht deutlich in der Kontinuität des alten Grundseminars, denn schon dort waren in unternehmensinternen Beschreibungen die Ziele angegeben mit:

- Information über die wichtigsten Grundsätze und Instrumente der Führung und Personalpolitik von Unternehmen B und
- Hilfen für das Führen von Mitarbeitern und Impulse zur Verbesserung des eigenen Führungsverhaltens – also der Führungspraxis!

Tatsächlich war dieses Seminar jedoch weit mehr als einfach eine Fortschreibung und Modernisierung des früheren Grundseminars. Das Seminar war bei aller Kontinuität auch innovativ und radikal in mehrfacher Hinsicht. So zeichnete es sich direkt nach seiner Einführung durch folgende Eigenheiten aus:

- Es wurden Prozesse der Selbststeuerung und Selbstorganisation in Gang gesetzt und über die ganze Seminarwoche aufrecht erhalten
- Die Verantwortung für die Erarbeitung spezifischer Inhalte und Ergebnisse lag nicht beim Moderator, sondern ausschließlich bei den Teilnehmern
- Es wurde ein Rahmen für die Erprobung alternativer Paradigmen von Führung geboten, z.B. hinsichtlich Mitarbeiter-Coaching, wechselseitiger Beratung und Entwicklung des eigenen Verantwortungsbereichs

Dazu wurden unterschiedliche Instrumente und Hilfen angeboten, etwa zur Analyse von Prozessen oder zur Schaffung einer zielorientierten Organisation.

Die Teilnehmer analysierten in diesem Seminar ihre eigene Situation in kleinen Gruppen und sprachen sich wechselseitig Empfehlungen aus.

Ein weiterer wesentlicher Aspekt war die Betrachtung der Einbindung in das Umfeld sowohl was eine Organisationseinheit als auch was Personen betraf– und zwar nicht im Sinne der formalen Organisation, sondern der tatsächlichen Vernetzungen.

Dafür wurde den Teilnehmern ein Instrument angeboten, die Netzwerkanalyse, die sich sowohl zur Analyse struktureller Komponenten als auch zur systemischen Analyse von Beziehungsdynamiken nutzen ließ. Sie ist in Abbildung 4.7 anhand eines fiktiven Beispiels dargestellt.

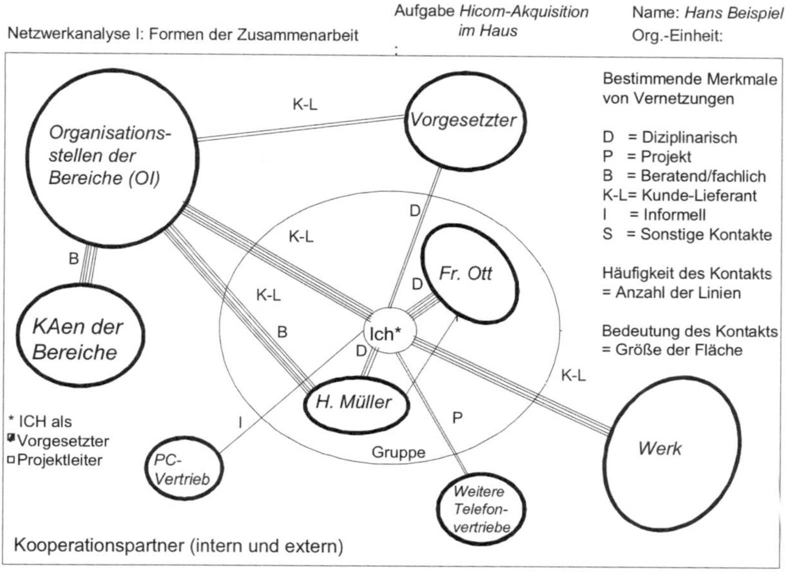

Abb. 4.7: Netzwerkanalyse

Die selbstgesteuerte Arbeit mit solchen Instrumenten regte Teilnehmer häufig an, sich in ihrem Umfeld nach Instrumenten umzuschauen oder sie selbst auf die eigene Situation zu adaptieren.

Insbesondere regte die Nutzung solcher Methoden zur Auseinandersetzung mit der eigenen Situation und Person als Führungskraft an. Zur Analyse von Fallsituationen und Feedbackprozessen zur eigenen Person wurde gezielt auf Methoden zurückgegriffen, die sich bereits im Führungsverhaltenstraining (siehe weiter oben) oder auch in anderen Seminaren bewährt hatten. Aus dem FVT wurden Methoden zur Fallbearbeitung wie Reflecting Team übernommen, außerdem wurde der identische Kanon von Gruppen-Feedbackmethoden für den einzelnen Teilnehmer eingesetzt. Aus einem anderen Seminar wurde der Harvard-Verhandlungsansatz (Fisher & Ury, 1984) entnommen und neu aufbereitet. Dieser spielte später auch im Management-Learning-Programm eine Rolle.

Um im Seminar auf Vorträge weitestgehend verzichten zu können und ein hohes Maß an Selbststeuerung zu erreichen, wurden den Teilnehmern umfangreiche Unterlagen zur Verfügung gestellt. Diese betrafen sowohl programmatische Äußerungen des Unternehmens als auch Basistexte zu verschiedenen Themen.

4.2.1.5. Zwischen Bewahrung und Innovation – einige Thesen zur Führungskräfte-Qualifizierung in Unternehmen B

Zum Abschluss dieser Ausführungen über die Führungskräftequalifizierung in Unternehmen B in den vergangenen zwei bis drei Jahrzehnten soll versucht werden, einige Thesen abzuleiten, die auch für das Verständnis der Entstehungsperiode des Management-Learning-Programms hilfreich sein können.

1. Die Entstehung neuer Programme zur Entwicklung von Führungskräften in Unternehmen B ist eher evolutionär, es gibt aber immer wieder (und zwar zunehmend schneller) innovative Schübe. Dabei kann Neues hinzukommen, das Alte besteht aber meist weiter und wird nicht abgeschafft, sondern allenfalls transformiert.
2. Entsprechend gibt es für Neuerungen (Führungsverhaltens-training, Management Learning), die unternehmensweit eingeführt werden, oft schon Vorläufer im eigenen Unternehmen, z.B. Erfahrungen in den Bereichen.
3. Akzeptanz von Neuem ist mühsam und es gibt gerade in der sensiblen Anfangsphase viele Gegner. Ist ein Programm aber einmal eingeführt, ist es kaum mehr zu stoppen.
4. Eine paradoxe Forderung, die wirkliche Innovation stets verwässert: Man möchte in diesem Unternehmen stets das Neueste, es soll aber bereits so reibungslos laufen, als wäre es schon viele Jahre im Einsatz.

5. Bei Kritik und Beschwerden von Teilnehmern in der Hierarchie wird Rückgriff auf alte Lösungen genommen, z.B. Input und Vorträge statt Prozess beim Management Learning.
6. Trotz schlanker werdender Hierarchien nimmt die Differenzierung der Führungskräftequalifizierung im Unternehmen zu und nicht ab
   - Siebziger Jahre dreistufig: Grundseminar, Förderungsseminar, Unternehmens-Seminar
   - Neunziger Jahre vier Zielgruppen A B C D
   - Management Learning fünf Stufen S1 2 3 4 5
7. Die Qualifizierung von Führungskräften war in der Vergangenheit nicht ganzheitlich, sondern in vielerlei Hinsicht fragmentiert.
   - Es gab eine Trennung der Betrachtung von Führungsverhalten vs. das Managen eines Geschäfts
   - Führungskräftequalifizierung wurde von der Zentrale und den Bereichen betrieben
   - Die Verantwortung für die Gestaltung der zentralen Führungskräftequalifizierung (z.B. FVT oder Management Learning S4/S5 Deutschland) war aufgeteilt zwischen der Zentralabteilung Personal als einer Grundsatzabteilung und dem internen Dienstleister als Durchführendem.

4.2.2. Die Entstehungsgeschichte von Programm B

Das Management-Learning-Programm sollte sich von den bisherigen Trainingsprogrammen bewusst abheben:

„Die Veränderung des Namens – von Training zu Learning – spiegelt eine radikale Veränderung der Philosophie wieder. 'Management Learning' war (und ist) einen bewusste Abkehr vom 'Managementtraining'. Training ist veranstaltungorientiert (vorwiegend Seminare), während die hochgradig integrierten

Methoden des Lernens geschäfts- und ergebnisorientiert sind.“ (Bellmann, 2000, S. 142)

Mit dem im Geschäftsjahr 1997/98 neu eingeführten Management-Learning-Programm verfolgte Unternehmen B dementsprechend eine anspruchsvolle Zielsetzung, nämlich „To enhance the management, entrepreneurial and leadership abilities of our people through an integrated, global and results-oriented approach to individual and organizational learning“ (Zitiert aus der ersten Firmen-Broschüre zum Management Learning, die dem Autor vorliegt). Zum ersten Mal in der Geschichte des Unternehmens wurde somit von der Zentrale ein ehrgeiziges Qualifizierungsprogramm für das Management eingeführt, welches von Beginn an

- alle Führungsebenen umfassen sollte
- weltweit angelegt sein sollte
- dazu die neuesten Kommunikationstechnologien nutzen sollte
- alle Bereiche des Hauses einbeziehen sollte und –
- über die Projekte und Synergien die enormen Kosten von Anfang an mehr als einspielen sollte

Um den ersten Punkt zu erreichen, wurde für fünf verschiedene Hierarchiestufen ein gemeinsames Programmdesign geschaffen, welches in identischer Weise für alle Programme gültig sein sollte. Dieses Programmdesign orientierte sich an Action Learning, wie der Vorstandsvorsitzende in seinem Grußwort für das neue Programm betonte: „Based on Action Learning – learning through teamwork on a project – the new ... Management Learning Program will offer solid worldwide benefits for our company.“ In programmatischer Hinsicht war damit der Anspruch klargelegt, Action Learning auf breiter Basis durchzuführen.

4.2.2.1. *Anstoß aus der Zentralen Personalabteilung*

Die Zentrale Personalabteilung (ZP) war eine Stabstelle in der Firmenzentrale, die die Unternehmensleitung hinsichtlich firmeneinheitlicher Personalregelungen und -verfahren beriet und die gleichzeitig eine Art Richtlinienkompetenz in Personalangelegenheiten für das ganze Unternehmen besaß. Da gleichzeitig die Geschäftsbereiche traditionell sehr auf ihre Unabhängigkeit achteten, stand es immer in Frage, wie weit die Richtlinienkompetenz im Einzelfall durchsetzbar war. Bildungspolitik und die Ausrichtung der Führungskräftequalifizierung waren in dieser Abteilung angesiedelt, zur damaligen Zeit unter dem Kürzel ZP FKT. In dieser Organisation wurde für das Programm der Rahmen abgesteckt und politisch der Boden bereitet. Ein Schritt war, Meinungsführer für das neue Konzept zu gewinnen und sie an der inhaltlichen Ausgestaltung zu beteiligen.

4.2.2.2. *Vorgaben eines internationalen Personalleiter-Meetings*

Dazu wurde in der Folge eine Reihe von Konferenzen abgehalten, deren wichtigste wohl die internationale Konferenz der Personalleiter und Bildungsbeauftragten in New York im Jahre 1997 war. Von dort gab es eine Vielzahl von Vorgaben, welche Themen zu berücksichtigen seien. Politisch gesehen bedeutete dies, dass damit neben der Firmenleitung auch die internationalen Gliederungen und die geschäftsführenden Bereiche in die Planung des neuen Programms eingebunden waren.

Außerdem wurden für die Regionen Europa, Asia Pacific, Nordamerika und Südamerika Regional Learning Councils eingerichtet und in den Vorbereitungsprozess eingebunden, in denen Vertreter der Unternehmenszentrale zusammen mit Vertretern der lokalen Gesellschaften des Unternehmens saßen. Gleichzeitig wurden Regional Learning Manager berufen, die die Verantwortung für die Implementierung der Programme und die Koordination aller regionalen und lokalen Management-Learning-Aktivitäten hatten (Bellmann, 2000, S. 143).

4.2.2.3. Design-Workshops für die Programme S4 und S5 Deutschland

Im November 1997 und Januar 1998 fanden Design-Workshops für die Programme S5 bzw. S4 Deutschland statt. Die Teilnehmer an diesen Workshops kamen von der Zentralen Personalabteilung als Initiator und Owner der Programme und von dem unternehmensinternen Weiterbildungsanbieter, der die Durchführungsverantwortung für diese Programme erhalten wollte. Eingeladen waren dazu auch einige externe Berater und Trainer.

Bei diesen Workshops wurden Durchführungspläne für die einzelnen Module erarbeitet, mit denen es möglich sein sollte, die ersten Praxistests zu starten.

4.2.2.4. Die Pilotphase

Nach den genannten Vorarbeiten wurde im April 1998 die Pilotierung beider Programme begonnen, und zwar zunächst mit dem Kick-off-Workshop des S5 und eine Woche darauf mit dem S4.

Auffallend war schon beim Kick-off ein markanter Unterschied zwischen S5 und S4 – trotz eines identischen Programmdesigns. Die Teilnehmer im S5-Kick-off zeigten sich in der qualitativen Auswertung im Großen und Ganzen zufrieden, interessiert und mit Engagement dabei, während die Teilnehmer im S4-Kick-off sich zum Teil sehr unzufrieden und ablehnend äußerten.

Es gab in der Folge eine Vielzahl von Hypothesen, warum dies so sei, und es sollen nur einige genannt werden, um die Bandbreite, vielleicht auch die Unsicherheit in der Einschätzung in dieser frühen Phase zu illustrieren:

- Die Teilnehmer im S4 entsprächen nicht der vorgesehenen Zielgruppe, sondern waren überqualifiziert
- In der Vorankündigung wäre nicht klar genug geworden, was es mit Action Learning auf sich hat
- Einige kritische Bereiche hätten bewusst überaus schwierige Teilnehmer geschickt
- Der prozessorientierte Ansatz sei überlegen
- Projektmanagement sei für die Zielgruppe S4 Tagesgeschäft und nicht besonders interessant
- S4-Teilnehmer bräuchten einen stärkeren Geschäftsbezug
- Teilnehmer aus der Zielgruppe S5 seien eben noch begeisterungsfähig

Einige der Einschätzungen waren sicherlich plausibel (das Problem der Zielgruppe beispielsweise wird im nächsten Absatz noch einmal aufgegriffen) andere vielleicht weniger. Die Aufzählung lässt aber ahnen, welche Spannungen und Reflexe diese Teilnehmerreaktionen bei manchen für die Durchführung Verantwortlichen, die selbst unter außerordentlich hohem Legitimationsdruck standen, auslösten. Es bestätigte sich jedenfalls in der Folge noch bei einer Vielzahl von Programmen und Workshops, dass S4-Teilnehmer wesentlich kritischer waren und außerordentlich hohe Ansprüche an die Programmdurchführung stellten.

In gewisser Weise boten daher gerade die S4-Programme durch die enge Verbindung von Arbeiten und Lernen eine günstige Gelegenheit, Erleben und Verarbeiten der Realität im Alltag mit den Teilnehmern zu bearbeiten, da die Reaktionen sozusagen auf dem „goldenen Tablett“ serviert wurden.

Die Konsequenzen, die die Verantwortlichen im Unternehmen zogen, zeigten allerdings im Betrachtungszeitraum eher in eine andere Richtung. Die Vorgabe der Zentralabteilung Personal war, die Zufriedenheit der Teilnehmer mit den einzelnen Workshops an die allererste Stelle zu setzen und diese Wertungen zunehmend zu verbessern. Dies bedeutete im Einzelnen

1. Dem Wunsch der Teilnehmer nach deutlich mehr Fachinputs und Vorträgen wurde entsprochen (z.B. Unternehmensstrategie und Unternehmensführung).
2. Die Moderatoren erhielten den Auftrag, Gruppendynamik und Reflexion zurückzufahren, selbst mehr Fachinputs zu geben (z.B. zu Moderationsmethoden) und dafür zu sorgen, dass Störungen möglichst gering gehalten wurden.

4.2.2.5. Zielsetzung von Programm B

Bei der Einführung von Management Learning wurde eine Unterteilung nach Zielgruppen vorgenommen: „Das ... Management Learning besteht aus insgesamt fünf Programmen, die auf Führungskräfte und Nachwuchs-Führungskräfte entsprechend ihrer jeweils aktuellen und zukünftigen Aufgaben ausgerichtet sind. Bei einem entsprechenden Karriereverlauf nehmen Führungskräfte an allen Programmen teil.“ (Aus einer Darstellung des Management Learning). Diese Programme heißen

- Management Introduction Program (S5)
- Basic Management Program (S4)
- Advanced Management Program (S3)
- General Management Program (S2)
- Unternehmen B Executive Program (S1)

(Bei Programm S1 wurde der Eigenname des Unternehmens vom Verfasser durch „Unternehmen B“ ersetzt.)

Daraus ergab sich die in Tabelle 4.2 dargestelle Programmstruktur.

Tab. 4.2: Management Learning (nach Bellmann, 2000, S. 145)

S 5	*Target group*	Employees with potential for managerial tasks
	Objectives	Self management
	Focus	local
S 4	*Target group*	Preparation for the initial managerial task
	Objectives	Develop management skills
	Focus	local
S 3	*Target group*	Management tasks with multifunctional responsibilities
	Objectives	Develop entrepreneurship
	Focus	regional
S 2	*Target group*	General Management tasks
	Objectives	Building up leadership capabilities
	Focus	global
S 1	*Target group*	Senior executives and those foreseen for these positions
	Objectives	Central corporate issues
	Focus	global

Die hier aufgeführten Zielsetzungen bedeuteten, dass die beide Management-Learning-Programme S4 und S5, die im Rahmen dieser Untersuchung besprochen werden, ursprünglich für eine Zielgruppe geplant waren, die noch keine Managementaufgabe übernommen hat. Gleichzeitig hatte die Aufteilung von S5 bis S1 für die Programme eine hohe strukturelle Ähnlichkeit zu den im Unternehmen kurz davor eingeführten Förderstufen F5 bis F1. Diese waren aber anders definiert als die Zielgruppen S5 bis S1, so dass Mitarbeiter mit den Förderstufen F5 und F4 häufig bereits Managementfunktionen wahrnahmen und daher streng genommen nicht mehr in die Programme S5 und S4 gehört hätten. Dies führte gehäuft zu falschen Anmeldungen und damit auch Unzufriedenheit der Teilnehmer, die gerne am S3 teilgenommen hätten. Die Zielgruppendefinition wurde später mehrfach geändert, so dass S4-Teilnehmer bereits Führungsfunktionen hatten, während S5-Teilnehmer in der Regel noch davor standen.

Der Fokus in der Darstellung bezog sich auf die Programmsprache und die Internationalität der Zusammensetzung des einzelnen Programms. Die Programme S1 und S2 waren weltweit angelegt, wobei das Programm S1 keine praktische Relevanz hatte. Die Teilnehmer des Programms S3 kamen jeweils aus einer Region (diese hießen South America, North America, Europe, Asia Pacific). Die Programme S1 bis S3 wurden ausschließlich auf Englisch durchgeführt. Die Programme S4 und S5 wurden weltweit national und in Landessprache angeboten. Dabei nahmen die deutschen Programme sicherlich eine Vorreiterrolle ein, schon weil sie weltweit als erste starteten.

Festzuhalten bleibt, dass das Unternehmen mit Management Learning in einer sehr deutlichen Weise neue Wege gegangen ist. Tatsächlich wurden die Programme auch in einer großen Anzahl durchgeführt und hatten nach Überwindung der für ein Programm dieser Größenordnung und Komplexität zu erwartenden „Kinderkrankheiten" eine überwiegend sehr positive Resonanz.

Elemente des im Unternehmen B klassischen, am Angebot von Business Schools orientierten Managementtrainings wurden in diesem Prozess zunehmend in das Programm integriert. Reflexionsorientiertes Verhaltenstraining hingegen fand keinen Eingang in das Programm, mit Ausnahme eines Experteninputs zum Thema Führung und Motivation. Dies könnte mit der schon erwähnten politischen Landschaft in Unternehmen B zu tun gehabt haben. Mindestens genauso bedeutsam könnte aber eine trainings- und reflexionskritische Einstellung gewesen sein, die unmittelbares Selbstlernen durch Tun favorisierte: „Lernen ist Teil der Projektarbeit in einer echten Geschäftsumgebung, in der Wissen angewandt wird, welches wo immer möglich, durch Selbstlernen entstanden ist.“ (Bellmann, 2000, S. 143).

Verhaltenstraining (speziell die beiden weiter oben referierten Veranstaltungen Führungsverhaltenstraining und Führungsgrundsätze und Führungspraxis) blieb neben Programm B im Unternehmen weiterhin erhalten. In der Praxis wurde es den Teilnehmern im Management Learning durchaus als sinnvolle Ergänzung zu ihrem Programm empfohlen. Die intensive Reflexion des eigenen (Führungs-) Verhaltens blieb dadurch von dem geschäftsnahen Action Learning in Programm B jedoch weitgehend separiert.

4.2.3. Analyse von Programm B anhand der Action-Learning-Kriterien

4.2.3.1. Generelle Merkmale von Action Learning

Learning by doing

Bei Programm B stand die Philosophie des Tuns und Veränderns in kleinen Schritten im Vordergrund. Insofern gab es ausdrücklich die Gelegenheit des Lernens durch Tun.

Exploration steuert Expertenwissen

Im Management-Learning-Programm gab es eine Vielzahl von Experteninputs aus dem Unternehmen, von Universitäten und Moderatoren, ja sogar von den Teilnehmern selbst, die unabhängig von den Action Learning Projekten angeboten wurden.

In den Projekten gab es immer mindestens einen Teilnehmer, der als Owner die Projektidee eingebracht hatte. Dieser wurde als Experte für das Thema genutzt, der die Verhältnisse, Personen, Strukturen und Denkweisen vor Ort kannte. Diese an sich nützliche Funktion des Owners als Inputgeber führte in der Praxis der Projekte allerdings häufig zu einer speziellen Dynamik: Der Owner wurde leicht zu der Person, die die Richtung und den Lösungsansatz des Teams entscheidend beeinflusste. Viele Teammitglieder verteidigten dies auch mit dem Hinweis „der kennt sich schließlich aus!“ Faktisch bedeutete dies aber, dass der Satz „die Exploration steuert das Expertenwissen“ sich umkehrte: Das Expertenwissen des Owners steuerte die Exploration. Das kritische und innovative Potenzial des Teams wurde nicht immer genutzt. Lösungen wurden innerhalb des vorbestimmten Rahmens erarbeitet. Dieser Effekt konnte sich verschärfen, wenn der Owner selbst einen hohen Ergebnisdruck für dieses Thema hatte, weil es Teil seines Aufgabengebietes war. Darüber hinaus gab es diesbezüglich auch immer wieder eine Koalition zwischen Owner und Coach (=Client), besonders dann, wenn der Coach der Vorgesetzte des Owners war.

Um diesem Effekt tendenziell entgegenzuwirken wurde von der Rollenverteilung her vorgeschlagen, dass der Owner nicht die Projektleitung des Action-Learning-Teams übernehmen sollte, um damit gezielt sein tendenzielles Übergewicht im Team auszugleichen.

Das Action-Learning-Team als Medium für Reflexion, Erproben neuer Lösungen und persönliche Entwicklung

Das Projektteam oder BIP (Business Impact Project)-Team, in dem Action Learning betrieben wurde, war die zentrale Bezugsgruppe im Management Learning. Erproben neuer Lösungen war Gegenstand des BIP-Projekts. Reflexion wurde angeregt, wenn auch in sehr unterschiedlicher Intensität betrieben. Dementsprechend konnte das Team für die persönliche Entwicklung genutzt werden, dies wurde von den Teilnehmern aber sehr unterschiedlich getan. Neben dem BIP-Team gab es Angebote zur persönlichen Entwicklung auch im Plenum, bzw. kurzzeitigen Kleingruppen, etwa bei den Themen „Führung und Motivation“.

Die Simultaneität von Problemlösen und Lernen bzw. von persönlicher und organisationaler Entwicklung in Form einer „Wippe“ oder eines „magischen Steinwurfs“

Dies war im BIP-Team gegeben, welches ein Echtproblem löste und gleichzeitig die Gelegenheit zu Auswertung und Lernen hatte.

4.2.3.2. Der Prozess der Problemlösung

Identifikation des Problems

Die Ausgangsidee im Management Learning war, den Teilnehmern aus der Organisation Projektthemen anzubieten. Zumindest für die Programme S4 und S5 Deutschland wurde dieser Gedanke allerdings schnell verworfen, als man sah, dass nicht ausreichend viele attraktive Projektthemen zur Verfügung standen und dass die gesammelten Themen nicht selbsterklärend waren, sondern persönliche Vermittlung (und den damit verbundenen organisatorischen Aufwand) erforderten.

Das dann praktizierte Verfahren sah so aus, dass alle Teilnehmer aufgefordert wurden, interessante Projektthemen in ihrem Umfeld zu identifizieren und zum Kick-off mitzubringen. Dieses Vorgehen bot mehrere Vorteile: Zunächst war die Programmkoordination entlastet, da nunmehr immer genügend Themen zur Verfügung standen. Darüber hinaus gab es für jedes potenzielle Thema in der Teilnehmergruppe wenigstens ein Mitglied, welches dazu Input geben konnte und an der Durchführung interessiert war.

Das neue Verfahren verlangte einen Auswahlprozess, bei dem aus der Vielzahl der möglichen Projekte diejenigen ausgewählt wurden, die letztlich zur Durchführung kamen. Hier war die ursprüngliche Vorgehensweise die, dass die Auswahl nach dem Kick-off im Intranet dadurch stattfand, dass die Teilnehmer sich bei einem Projekt einschrieben. Wenn ein Projekt die erforderliche Teilnehmerzahl hatte, wurde es geschlossen. Dies führte einerseits zu einem „Windhundverfahren“ – wer sich frühzeitig kümmerte, hatte mehr Auswahl - andererseits zu hohem Betreuungsaufwand, wenn es eine

Anzahl Projekte gab, zu denen sich nur wenige Teilnehmer angemeldet hatten. Insgesamt war die Unzufriedenheit der Teilnehmer mit diesem Vorgehen so groß, dass es abgeschafft wurde. Die Auswahl der Projektthemen fand zunächst informell und später zunehmend offener bereits im Kick-off statt.

Zusammensetzung des Action-Learning-Teams

Die Action-Learning-Teams waren aus Mitgliedern eines Management-Learning-Programms zusammengesetzt. Die Teams sollten sowohl bereichs- als auch funktions- und standortübergreifend zusammengesetzt sein.

Beauftragung des Action-Learning-Teams

Die Beauftragung eines BIP-Teams erfolgte mittels einer Zielvereinbarung zwischen Projektteam und Coach (=Client). Diese war Ergebnis eines Verhandlungsprozesses zwischen Team und Coach am zweiten Tag von Workshop 1. Die Zielvereinbarung war ein formales Dokument, welches von allen Teilnehmern sowie dem Coach unterschrieben wurde.

Sammlung und Analyse von Daten

Aufgabe des Teams war es, sich ein Bild von der Situation zu machen. In der Anfangsphase wurde die Vorgehensweise den Teams überlassen, später gab es Unterstützung in Form von Checklisten. In der Praxis waren wichtige Inputgeber der Coach selbst, der oft ausgiebig über die Projektthematik und die Hintergründe berichtete, und auch der Owner der Projektidee, der als Teilnehmer von Anfang an für die Information der Teilnehmer eine wichtige Rolle spielte. Die Vermutung ist sicher nicht unbegründet, dass dadurch die Sicht der Dinge im Projektteam nicht unwesentlich beeinflusst werden konnte. Das kritische Potential der Action-Learning-Gruppe wurde dadurch in einigen Fällen sicherlich deutlich verringert.

In vielen Fällen kam es aber auch zu unabhängigen Recherchen der Gruppen, besonders, wenn der Owner dies aktiv unterstützte. Diese führten dann durchaus zu überraschenden Einsichten und fruchtbaren Diskussionen mit dem Coach. Manche Gruppen formalisierten die Datensammlung z.B. durch Fragebogen, in manchen Fällen wurden gezielt verschiedenen Standorte und oder Abteilungen verglichen.

Analyse und Bewertung der gesammelten Daten erfolgte in der Regel in zwei Schritten: Zunächst eine Auswertung durch das Team selbst und anschließend eine Durchsprache mit dem Coach.

Erst in einer späteren Entwicklungsphase des Programms wurde den Teilnehmern empfohlen, eine systematische Umfeldanalyse durchzuführen.

Erprobung von Lösungen

Die Action-Learning-Teams hatten den Auftrag, aus einem Gesamtproblem einen rasch umsetzbaren Ausschnitt zu wählen, um daraus zu lernen. Der Fokus auf Umsetzung anstelle ausgiebiger Analyse wurde von Anfang an gesetzt. Dennoch neigten viele Teams dazu, Analysen als Ergebnisse abzuliefern. Anfangs war man hier noch relativ großzügig, mit zunehmender Erfahrung in der Durchführung dieser Programme wurde der Druck, tatsächlich Lösungen auszuprobieren, um einen Erfolgsnachweis zu bringen, deutlich verstärkt. Dies führte zu einem wesentlich höheren Umsetzungsgrad.

Formal sollte der Nachweis der Machbarkeit anhand einer erfolgreichen Umsetzung zwischen Workshop 1 und Workshop 2 erfolgen.

Rückmeldung von (Zwischen-)Ergebnissen

Die Rückmeldung von Zwischenergebnissen erfolgte im Management Learning in allen Workshops und am Abschlusstag. Darüber hinaus gab es zwischen Team und Coach immer auch individuell vereinbarte Meetings zur Durchsprache des Zwischenstands.

Roll-out der Lösung in die Breite

Der Roll-out war im Management Learning zwischen Workshop 2 und Abschlusstag vorgesehen. Der Fokus auf diesen Roll-out in die Breite war allerdings nicht sehr hoch.

Das Management-Learning-Programm war hier durchaus widersprüchlich: Einerseits wurde die Bedeutung des Roll-outs in die Breite betont, andererseits wurde dies aber in der Programmpraxis nicht konsequent unterstützt. Dies lag unter anderem daran, dass die Verantwortung für das Thema im Workshop 2 offiziell vom Projektteam auf den Coach übergeht. Das Projektteam hatte zwar den Auftrag, weiterhin als Berater für das Thema dem Coach sowie anderen Interessenten zur Verfügung zu stehen, die zum Beispiel über die im Intranet des Unternehmens zugängliche Ergebnisdatenbank von dem Projekt erfahren haben.

Die Beraterrolle wurde von den wenigsten Teams aktiv gelebt. Im Verständnis der meisten Teams war das Action-Learning-Projekt daher mit der Übergabe an den Coach in Workshop 2 zu Ende.

Inwieweit die Coaches selbst eine Implementierung der Projektergebnisse in der Breite vornahmen, wurde im Rahmen des Programms nicht erfasst.

4.2.3.3. Formen des Sets

Projekt aus der eigenen Aufgabe vs. Projekt aus einer fremden Aufgabe

Prinzipiell wurden im Management-Learning-Projekte bearbeitet, die nicht aus dem Tagesgeschäft der Teilnehmer kamen und ihnen insoweit die Möglichkeit boten, Einblick in andere Umgebungen zu bekommen.

Eine Ausnahme stellte in einer größeren Zahl von Fällen der Owner der Projektidee dar, sofern er ein Thema aus seinem Tagesgeschäft vorgeschlagen hatte.

Eine zweite Ausnahme war möglich, wenn in dem Programm zufällig ein oder mehrere weitere Teilnehmer dabei waren, zu deren Tagesgeschäft das Thema gehörte und die sich (freiwillig) zu diesem Thema meldeten. Dies kam vor, war aber nicht allzu häufig der Fall.

Projekt in der eigenen Organisation vs. Projekt in einer anderen Organisation (oder einem anderen Organisationsteil)

In Management-Learning-Programmen wurden die Projektteams prinzipiell bereichsübergreifend zusammengesetzt. Dennoch kam es vor, dass neben dem Owner auch andere Teilnehmer im BIP-Team aus derselben Organisationseinheit kamen.

Ein gemeinsames Projekt für das Team vs. jeder Teilnehmer hat sein eigenes Projekt

BIP-Teams hatten immer ein gemeinsames Projekt zur Bearbeitung. Das Team machte dadurch eine gemeinsame Arbeitserfahrung.

Vollzeit- Action-Learning vs. Teilzeit- Action-Learning

Das Management-Learning-Programm war begleitend zum Tagesgeschäft angelegt. Die Action Learning Aktivität war daher Part-time. Dadurch kam es häufig zu Konflikten zwischen Tagesgeschäft auf der einen Seite und Action-Learning-Projekt und anderen Anforderungen des Management-Learning-Programms auf der anderen Seite, die vom einzelnen Teilnehmer gehandhabt werden mussten.

4.2.3.4. Projektmanagement

Einführung in das Thema im Programm B

Im Unternehmen B gab es bereits eine lange Tradition des Projektmanagements. Das betraf sowohl sehr große Projekte, in denen über mehrere Jahre Hunderte oder sogar Tausende von Mitarbeitern tätig waren, als auch kleine und kurzfristig angelegte Projekte. Das Wissen über Projektmanagement im Unternehmen und insbesondere in der Zielgruppe des Management Learning S4 und S5 war von daher naturgemäß recht hoch, aber auch, entsprechend den völlig unterschiedlichen Herkunftsbereichen der Teilnehmer, sehr heterogen. In den Workshops führte dies gelegentlich zu dem Stoßseufzer eines Teilnehmers „noch ein Projekt!“ Das Programm wurde daher nicht als Ausbildung in Projektmanagement angelegt, sondern hob darauf ab, dass ein spezieller Projektansatz, nämlich die Break Through Strategy vertreten wurde. Gleichwohl wurde die Projekterfahrung der Teilnehmer genutzt, indem man zum Beispiel im Plenum einen Erfahrungsaustausch erfahrener Projektleiter organisierte, die Empfehlungen zur Durchführung von Projekten gaben.

Klassisches Projektmanagement

In den Projekten fanden sich schon aufgrund der Vorerfahrung der Teilnehmer zahlreiche Elemente des klassischen Projektmanagements.

Zielvorgabe

Mit der bereits erwähnten schriftlich fixierten und von allen Beteiligten (Mitglieder des Projektteams und Coach als Auftraggeber) unterzeichneten Zielvereinbarung gab es eine klare und messbare Zielvorgabe für das Action-Learning-Projekt.

Zeitliche, finanzielle, personelle und andere Begrenzungen

Zeitliche Begrenzungen gab es im Management Learning bereits durch die Workshop-Struktur. Darüber hinaus gab es projektspezifische Absprachen des Teams mit dem Coach. Der finanzielle Rahmen wurde in den frühen Programmen nicht explizit in die Zielvereinbarung aufgenommen, zumindest fand sich in dem verwendeten Formular keine diesbezügliche Rubrik. In der Praxis spielte die Vereinbarung eines Kostenrahmens von Anfang an aber eine Rolle in den Absprachen. Einige Teams vereinbarten sogar Incentives bei Zielerreichung. Der Umgang mit Finanzen war nicht klar vordefiniert und ließ den Teams Gestaltungsspielräume, die unterschiedlich genutzt wurden.

Personelle Begrenzungen waren in den Projekten klar gegeben: Die Hauptressource waren die Teilnehmer selbst mit ihrem begrenzten Zeitbudget. Wie viel Zeit die Teilnehmer tatsächlich investierten, war abhängig von Teamabsprachen, Engagement des einzelnen Teilnehmers und häufig auch Notwendigkeiten der Hauptaufgabe des Teilnehmers. In einigen Projekten gelang es dem Projektteam, Ressourcen zuzukaufen (z.B. die Programmierung eines bestimmten Tools), oder vom Coach in gewissem Umfang Personal (z.B. für Assistenzaufgaben) gestellt zu bekommen.

Andere Begrenzungen ergaben sich etwa aus der Struktur des Programms, welches z.B. Präsentationen und Dokumentationen nicht nur zu bestimmten Zeitpunkten, sondern auch in einer bestimmten Form erforderten.

Abgrenzung gegenüber anderen Vorhaben

Die Abgrenzung gegenüber anderen Vorhaben war durch die Zielvereinbarung gegeben, die das Vorhaben spezifizierte.

Projektspezifische Organisation

Eine projektspezifische Organisation gaben sich die Teams nach den Erfordernissen ihrer Aufgabe. Vorgegebene Rollen waren der Owner der Business Opportunity und der Projektleiter. In der Regel hatte dieser auch einen Stellvertreter. Nach frühen Erfahrungen wurde zunächst empfohlen und dann festgelegt, dass der Owner nicht gleichzeitig Projektleiter sein sollte, da ihm dies leicht ein Übergewicht im Team geben und zusätzlich zu einer Konzentration der Projektarbeit bei ihm führen konnte.

b. Prozessorientierte Steuerung

- Macht, Veränderungsenergie, Widerstände und Vernetzungen
- Strategische und politische Dimensionen von Projektarbeit

Eine prozessorientierte Steuerung der BIP-Projekte war kein expliziter Anspruch im Management Learning. Allerdings gab es zu Beginn der Workshops 1 und insbesondere Workshop 2 eine prozessorientierte Auswertung der virtuellen Phase zwischen den Workshops. Abgesehen davon hing es von der Initiative und Bereitschaft des Teams ab, Widerstände im Prozess zu analysieren und ggf. mit dem Facilitator oder den Moderatoren zu diskutieren.

c. Durchbruchsstrategie

Die Durchbruchsstrategie war offizielle Programmphilosophie im Management Learning. Die Teilnehmer wurden daher von Anfang an mit der Vorgehensweise dieses Ansatzes konfrontiert, sowohl durch schriftliche Unterlagen als auch durch Erarbeitung im Workshop. Selbst die Terminologie im Action Learning war stark geprägt von diesem Ansatz. Action-Learning-Projekte hießen demgemäß in Unternehmen B „Business Impact Project", abgekürzt „BIP" (in einem Wort gesprochen). Projektideen wurden als „Business Opportunity" bezeichnet oder abgekürzt „BO" (als zwei Buchstaben gesprochen). Darüber hinaus gab es als Ziel eines BIP das „Break Through-Goal" (Durchbruchsziel), welches auf seine Tauglichkeit anhand der „BIP-Kriterien" untersucht wurde.

Ergebnisorientierung

Die Ergebnisorientierung wurde im Programm B ausdrücklich eingefordert. Allerdings gab es gerade in der Anfangszeit auch viele

Projekte, die diese Hürde nicht nahmen und sich mit Analysen begnügten, weil, so die Argumentation, eine Umsetzung mit messbarem Ergebnis in der Kürze der Zeit nicht möglich sei. Den Teilnehmern wurde immerhin stets bewusst gemacht, dass sie damit die Intention des Programms verließen.

Mit zunehmender Erfahrung in der Durchführung der Programme stellte sich heraus, dass ein wesentlicher Hebel zur Ergebnisorientierung eine sorgfältige Projektauswahl in der Anfangsphase war. Dies führte später dazu, einen Prozess zu entwickeln, mit dem die Teilnehmer die Wahrscheinlichkeit einer Ergebnisorientierung früh validieren konnten.

Durchbruchsziel (messbar)

Ein klar definiertes und messbares Durchbruchsziel war der wichtigste Bestandteil der Zielvereinbarung zwischen Projektteam und Coach.

4.2.3.5. Strukturelle Merkmale des Ablaufs

Action-Learning-Aufgabe

Im Management Learning-Programm wurde die Action-Learning-Aufgabe als Business Impact Project, abgekürzt BIP, bezeichnet. Diese Bezeichnung entstammte der Terminologie von Schaffer (1988), die er für die Durchbruchsstrategie entwickelt hatte.

Workshop-Struktur

Alle Programme des Management Learning folgten einer gemeinsamen Grundstruktur (vgl. Abbildung 4.8). Diese war so aufgebaut, dass Workshops sich abwechselten mit virtuellen Phasen zur Arbeit an den Projekten. Ein Management-Learning-Programm dauerte je nach Stufe zwischen 12 und 18 Monaten, in denen die genannten Phasen durchlaufen wurden. Die einzelnen Phasen entsprachen dem Aufbau des Action Learnings.

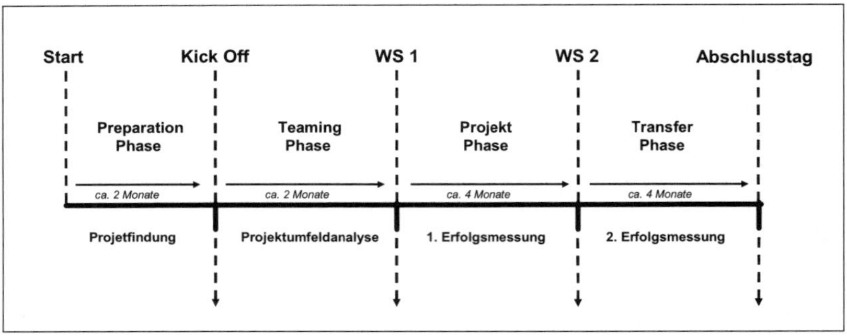

Abb. 4.8: Programm B – Grundstruktur anhand des Projektablaufs

Die Grundstruktur ist in dieser Form erst relativ spät formuliert worden. In der Anfangszeit wurden die Begriffe teilweise noch etwas anders benannt. So hieß beispielsweise die Transfer-Phase Umsetzungsphase oder Implementierungsphase mit der Aufgabe des Roll-outs eines Projektergebnisses. Diese Form wurde mit geringen Unterschieden, die vor allem die Dauer der einzelnen Workshops betrafen, für die Programme aller Stufen von S5 bis S2 eingehalten. Struktur und Ablauf der Programme S4 und S5 waren in der Anfangsphase nahezu identisch und werden daher nachfolgend gemeinsam besprochen.

Vorbereitungsphase

Für die Teilnehmer waren in der Vorbereitungsphase vor dem Kick-off bereits einige Aktivitäten vorgesehen, die sich auf folgende Aspekte bezogen:

- Kennenlernen des Programms
- Vertrautwerden mit der elektronischen Plattform im Intranet
- Selbstlernmaterialien nutzen
- Vorbereiten auf die Projektarbeit

Der letzte Punkt bezog sich auf das Thema Action Learning. Nach den Erfahrungen der Pilotprogramme, dass von außen (d.h. Leitungen, Zentralstellen etc.) praktisch keine Projektideen zur Verfügung gestellt werden, ging die Verantwortung für die Projektideen auf die Teilnehmer über. Dazu wurde eine Überblicksinformation gegeben, verknüpft mit der Aufforderung, bereits zum Kick-off eine Projektidee oder Business Opportunity mitzubringen. Zur Erläuterung wurden Beispiele aus dem Unternehmen dargestellt und zahlreiche Tipps gegeben.

Start-up-Workshop

Der Start-Workshop wurde im Management Learning als Kick-off-Workshop bezeichnet. Dieser Kick-off-Workshop stellte den eigentlichen Auftakt für ein Management-Learning-Programm dar und war die erste Möglichkeit für die Teilnehmer, einander zu begegnen und mit den Durchführenden (Betreuer/Moderatoren/Facilitator) zusammenzutreffen. In einer frühen Version des Handbuchs S5 (das Handbuch liegt dem Autor vor) hieß es zur Zielsetzung dieses Bausteins:

1. Information über die neuen Programme und Phasen.
2. Verständnis des Business Impact Project Ansatzes für die Projektarbeit.
3. Diskussion des Business Impact Project Ansatzes und möglicher Projektideen und Geschäftsmöglichkeiten .
4. Neue Wege des Lernens mit Computer Based Trainings über Internet/Intranet.
5. Motivation der Teilnehmer zum „Action Learning" in Selbstverantwortung parallel zur Tagesarbeit.
6. Förderung der Teamzusammengehörigkeit der Teilnehmer.

Teamingphase

Nach dem Kick-off-Workshop sollten die Teilnehmer sich in einem virtuellen Prozess für eine Projektidee entscheiden. Die Teilnehmer hatten die Wahl, sich in den elektronischen BIP-Marketplace als interessiert einzutragen (evtl. auch bei mehreren Projekten) oder fest zuzusagen. Sobald eine Projektidee ausgebucht war, verschwand sie von der Liste der wählbaren Ideen. Bei attraktiven Ideen lohnte es sich daher schnell zu sein. Diese virtuelle Bildung der Action-Learning-Teams wurde später aufgegeben und durch eine reale Teambildung im Kick-off-Workshop ersetzt.

Diese Phase zwischen den Workshops wurde auch genutzt für Distance Learning mittels verschiedener Lern-CDs oder in der Learning Landscape. Aufhänger dafür war z.B. eine Marketing-Fallstudie, auf die schon im Kick-off hingewiesen wurde.

Zwischen-Workshops

Die beiden nächsten Veranstaltungen wurden im Management Learning als Workshop 1 und Workshop 2 bezeichnet.

Workshop 1

Der Workshop 1 war als fünftägige Veranstaltung konzipiert und beinhaltete den Auftakt für das Lernprojekt und mithin des eigentlichen Action Learning.

Ziele des S4 Workshop 1:

1. Entwicklung von Projektmanagement-Fähigkeiten.
2. Entwicklung von werteorientiertem Management und kooperativem Verhalten.
3. Förderung von Teamwork-Fähigkeiten.
4. Entwicklung von Qualitäts- und Produktivitätsmanagement-Fähigkeiten.
5. Entwicklung eines Projektteams, basierend auf Projektschwerpunktplanung, Rollen und Zuständigkeiten, Implementierung und Ergebnissen.
6. Endgültige Festlegung der Projektthemen, Coaches und Teams. Die Anwesenheit der Coaches ist dabei zeitweise notwendig.
7. Vorbereitungen zum Start der Projektarbeit.
8. Eigenbeitrag zum Workshop.

Aus den Zielen ist erkennbar, dass das Action-Learning-Projekt und Action-Learning-Team im Mittelpunkt dieses Workshops standen. Die Teilnehmer trafen mit ihrem Coach Projektabsprachen und strukturierten ihre Projektaufgabe. Da viele Teilnehmer Projekterfahrung aus den unterschiedlichsten Bereichen des Unternehmens mitbrachten, wurde ein moderierter Austausch von Erfolgsfaktoren vorgenommen.

Neben Action Learning wurden auch fachliche Inputs angeboten und die Teilnehmer wurden aufgefordert Eigenbeiträge zu leisten, um aktives „Knowledge Sharing“ in Gang zu setzen.

Zwischen Workshop 1 und 2 wurden die Action-Learning-Vorhaben umgesetzt. Die Teams waren in dieser ca. viermonatigen Phase dabei weitgehend auf sich gestellt, hatten allerdings die Möglichkeit, den Facilitator oder die Moderatoren bei Bedarf einzuschalten. Nach den Erfahrungen der ersten Programme ging der Facilitator dazu über, in der Projektarbeitsphase eine Telefonkonferenz mit den Projektleitern einzurichten.

Zusätzlich zu der Arbeit an den Projekten hatten die Teilnehmer eine weitere Marketing-Fallstudie zu bearbeiten, mit Teletutoring durch den betreuenden Lehrstuhl. Darüber hinaus gab es weitere Angebote in der Learning Landscape im Intranet.

Workshop 2

Der Workshop 2 fand ca. 4 Monate nach Workshop 1, der so genannten Projektarbeitsphase, statt und war ebenso wie dieser als fünftägige Veranstaltung konzipiert. Bei diesem Workshop ging es darum, die Ergebnisse der virtuellen Projektarbeitsphase, in der beispielhaft die Umsetzbarkeit der Projektidee bewiesen werden sollte, zu präsentieren und die Transfer- oder Implementierungsphase zur Einführung der Projektergebnisse in der Breite vorzubereiten.

Für das S4 wurden folgende Ziele formuliert:

1. Verständnis des Finanzmanagement und seiner Auswirkungen auf die Geschäftsergebnisse.
2. Entwicklung der Fähigkeit, als Manager effektiv zu kommunizieren.
3. Verstärkung der Teamarbeit-Fähigkeiten und der funktionsübergreifenden Zusammenarbeit.
4. Verständnis der wichtigsten Geschäftsprozesse.
5. Vertrautheit im Umgang mit wichtigen Management-Techniken.
6. Vorlage von Projektzwischenergebnissen und Aktionen mit Schwerpunkt auf Erfolgsgeschichten, Lernen aus Fehlschlägen und Problemen, Herausforderungen, Zukunftsplänen und Wertschöpfung. Die Anwesenheit der Coaches ist dabei zeitweise erforderlich.

In den Zielen wurden neben dem Projekt wieder in stärkerem Umfang fachliche Themen genannt, die im Workshop beträchtlichen Raum einnahmen, wobei die tatsächlich angebotenen Themen sich von den hier erwähnten im Einzelfall unterscheiden konnten. Raum gab es für Feedback in den Teams und die Vorbereitung auf die nächste virtuelle Phase.

Die sich an den Workshop 2 anschließende virtuelle Phase sollte dazu dienen, die exemplarischen Projektergebnisse in einem Roll-out in der Breite anzuwenden. In der Praxis war dies aber relativ selten der Fall und diese Phase war nur noch durch persönliche Transferaufgaben und Distance Learning geprägt.

Abschluss-Workshop

Der Abschluss-Workshop wurde im Programm als Abschlusstag bezeichnet. Er fand einige Monate nach Workshop 2 statt. Inhalt der Veranstaltung war das Review der Roll-out-Phase und eine Gesamtauswertung des Programms. Verknüpft wurde dies mit einem erlebnisorientierten Event der Teilnehmer (z.B. Outdoor-Übungen), welches die Teilnehmer selbst organisierten.

Im Laufe der Zeit wurde die hier skizzierte Workshop-Struktur immer wieder verändert. Dies betraf die Dauer der einzelnen Workshops, die später auf dreimal vier Tage verändert wurde, aber auch beispielsweise den Abschlusstag, an dem später jeweils mehrere Programme vernetzt wurden und eine Gelegenheit zum Kontakt mit Mitgliedern der Unternehmensleitung entstand.

Action Learning im Management-Learning-Programm

Durch die Darstellung der Workshop-Struktur wurde deutlich, dass der Action-Learning-Prozess sich durch das ganze Programm hindurch zog. So wurden die Teilnehmer schon in der Vorbereitungsphase des Programms, also vor dem Kick-off-Workshop, aufgefordert, Projektideen aktiv zu suchen und zu entwickeln. Im Kick-off wurden die Ideen vorgestellt und auf Tauglichkeit für das Programm geprüft. Die Bildung der Projektteams fand ursprünglich zwischen den Workshops im virtuellen Raum statt und wurde später in den Kick-off vorgezogen.

Im Workshop 1 fand die Zielvereinbarung mit dem Coach statt und danach die Umsetzung. Die Ergebnisse wurden im Workshop 2 präsentiert und dem Coach übergeben. Danach begann der Roll-out, in dem das Team bis zum Abschlusstag in die Beraterrolle gehen sollte. Diese letzte Phase hatte in der Praxis im Betrachtungszeitraum allerdings keine große Bedeutung erlangt, so dass am Abschlusstag diesbezüglich kaum Ergebnisse berichtet werden konnten.

Set Meetings

Treffen wurden von den BIP-Teams individuell vereinbart und konnten je nach Absprache mit oder ohne Coach stattfinden. Da sich die Teilnehmer der Teams häufig über mehrere Standorte verteilten, kam als Besonderheit die virtuelle Kommunikation dazu: Viele Teams verabredeten regelmäßige Telefonkonferenzen, Netmeetings oder andere Formen internetbasierter Kommunikation.

Kommunikations-Plattform

Im Management Learning stand den Teilnehmern mit der Learning Landscape eine Kommunikations-Plattform im Intranet des Unternehmens zur Verfügung, die auch von der Programm-Administration für Informationen genutzt wurde. Diese Plattform, die den Teilnehmern auch über das Programmende hinaus zugänglich blieb, war auch für (externe) Moderatoren und den Facilitator zugänglich. Die Projektteams besaßen jeweils einen geschützten Bereich und es gab Bereiche, in denen z.B. Materialien zur Vorbereitung des nächsten Workshops oder Dokumentationen von Experteninputs hinterlegt waren. Darüber hinaus gab es eine Verknüpfung zur Result Data Bank, in der die Ergebnisse aller Action-Learning-Projekte weltweit hinterlegt waren.

Distance Learning (Selbstlern-Materialien)

Der Aspekt des Distance Learning war in dem Programm sehr ausgeprägt. Es gab Lehrangebote als CBT (= Computer Based Training) auf CD-ROM oder in der Learning Landscape. Diese waren für die individuelle Bearbeitung geeignet. Zusätzlich gab es für bestimmte Themen virtuelle Gruppenarbeiten (Assignments), die von Tutoren im Teletutoring begleitet und bewertet wurden.

Themen, für die Distance Learning angeboten wurde, waren beispielsweise Strategie und Organisation, Marketing, Projektkostenrechnung und Systemisches Denken. Später wurde auch zur Einstimmung auf das Programm ein Selbstlernprogramm zur Verfügung gestellt, um es den Teilnehmern zu erleichtern, mögliche Action-Learning-Themen (Business Opportunities) zu entdecken und zum Kick-off-Workshop mitzubringen.

4.2.3.6. Rollen im Action-Learning-Programm

Der Sponsor, der die notwendige Positionsmacht besitzt, um Action Learning den Rücken zu stärken

Das Management Learning wurde von der Zentralen Personalabteilung (ZP), einer für die Unternehmensleitung tätigen Stabsstelle des Unternehmens mit Richtlinienkompetenz für das Gesamthaus, initiiert. Mit der offiziellen Verabschiedung durch den Zentralvorstand war eine klare Rückendeckung gegeben.

Der Client, der als Kunde an der Implementierung von Ergebnissen unmittelbar interessiert ist

Diese Position wurde im Management Learning in den ersten Jahren (die im Rahmen dieser Untersuchung betrachtet werden) etwas missverständlich als „Coach" bezeichnet. Später wurde dann zutreffender die Bezeichnung „Client" übernommen.

Das Set, die Gruppe von ca. 6 Teilnehmern, die die Action-Learning-Aufgabe bearbeiten

Das Set wurde als „BIP-Team" bezeichnet. Es sollte nicht weniger als vier und nicht mehr als sieben Mitglieder haben.

Der einzelne Teilnehmer, der unterschiedliche Bezüge zum Projekt haben kann, je nachdem ob es z.B. den eigenen Job bzw. die eigene Organisation betrifft oder nicht

Die Teilnehmer gehörten zum Führungsnachwuchs oder bereits zum Mittleren Management und kamen aus allen Bereichen und Standorten der Region Deutschland des weit verzweigten Konzerns.

Der Tutor, der von außen oder aus der Organisation Fachbeiträge einbringt.

Im Rahmen des Programms gab es eine ganze Anzahl von Fachbeiträgen, unternehmensintern und unternehmensextern. Diese waren allerdings häufig mit den Action-Learning-Projekten nicht unmittelbar verknüpft. Eine Ausnahme bildeten Inputs des Facilitators und zum Teil des Moderators. Wissensinputs zur direkten fachlichen Unterstützung der Projektteams wurden von den Teams in Absprache mit dem Coach individuell organisiert.

Der Set Adviser, Coach oder Facilitator, der das Lernen fördert, die Gruppendynamik adressiert und den Projektfortschritt begleitet

Im Management Learning wurden zwei verwandte Rollen unterschieden, nämlich der Facilitator, später als Projektcoach bezeichnet und der Moderator. Der Facilitator, der aus der Organisation kommen sollte, unterstützte das Team im Projektmanagement und war Ansprechpartner zwischen den Workshops. In den Workshops war er an allen Tagen anwesend, die das BIP-Projekt betrafen. Darüber hinaus hielt er den Kontakt zu den Teams unter Einsatz verschiedener elektronischer Medien.

Der Moderator war an allen Workshoptagen anwesend. Er war psychologisch ausgebildet und typischerweise unternehmensextern. Der Moderator – in der Anfangszeit waren es sogar zwei Moderatoren – beachtete die Gruppendynamik, leitete Auswertungen an und stand den Teams zur Verfügung, wenn Konflikte auftraten.

In der Praxis gab es einen Überlappungsbereich zwischen beiden Rollen, so dass Moderator und Facilitator als Team arbeiteten.

Weitere Rollen

Eine wichtige weitere Rolle war der Management-Learning-Ansprechpartner des Programms (Programmbetreuer). Dieser stellte den Informationsaustausch zwischen Management-Learning-Team und Teilnehmern eines Programms sicher. Er vermittelte die Gesamtkonzeption und Architektur des Programms und nahm Anregungen der Teilnehmer auf. Diese Rolle wurde in einigen Programmen vom Facilitator mit übernommen.

4.2.3.7. Lernen und Reflexion

Der Bereich Lernen und Reflexion wurde im Management Learning vielschichtig und zum Teil widersprüchlich behandelt. Die zuständige Fachabteilung vertrat einen Ansatz, der vorwiegend implizites Lernen durch die Projekte favorisierte und einer vertiefenden Reflexion des Geschehens eher skeptisch bis ablehnend gegenüberstand. Darüber hinaus gab es von Beginn an Lehreinheiten im Programm, die – ohne direkten Bezug zum Action-Learning-Projekt – Fachwissen nach dem Vorbild einer Business School, z.T. unter Einsatz elektronischer Medien im Teletutoring oder mit Selbstlernmaterialien, vermittelten.

In der praktischen Umsetzung durch den internen Bildungsanbieter und der Durchführung vor Ort gab es Elemente unterschiedlicher Action-Learning-Schulen.

a. Tacit School – Lernen als impliziter Akt

Implizites Lernen durch Tun spielte als Grundprinzip im Management-Learning-Programm wohl eine herausragende Rolle. Dennoch gab es von Anfang an auch Bestandteile, die über eine reine Anwendung der Tacit School klar hinausgingen.

Kein Lerncoach

Im Management Learning gab es mit dem Facilitator und dem Moderator gleich zwei Funktionen, von denen aus eine Begleitung als Lerncoach hätte stattfinden können. Der Facilitator konzentrierte sich jedoch in erster Linie auf die praktischen Probleme der Projektdurchführung und hielt den Kontakt zu den Teams. Der Moderator thematisierte unter Umständen das Thema Lernen im Workshop, bot methodische Lernunterstützung, z.B. Feedbackmethoden und Leitfragen für die täglichen Key Learnings. Eine systematische Lernbegleitung fand jedoch nicht statt und Lernen erfolgte nahezu ausschließlich selbst gesteuert durch die Teilnehmer.

Projektlernen erfolgt implizit und wird nicht ausgewertet

Aus dem oben Gesagten folgt, dass die Auswertung von Projektlernen im Management Learning den Teams durchaus empfohlen wurde. In den Workshops 1 und 2 präsentierten die Teams auch ihre Erfahrungen und gaben eventuell Tipps. Abgesehen von diesen eher summarischen und relativ kurzen öffentlichen Auswertungen war das Projektlernen den Teams überlassen und wurde dementsprechend auch sehr unterschiedlich gehandhabt. Projektlernen erfolgte in diesem Programm daher tatsächlich wohl eher implizit.

b. Scientific School – Lernen als rationale Soll-Ist-Abweichung

Der rationale Ansatz der Scientific School kam prinzipiell dem ingenieurmäßigen Denken in Unternehmen B entgegen. Regelmäßig konnte daher folgendes Vorgehen beobachtet werden: Die Teilnehmer definierten aufgrund der Beschreibungen und Ziele von Owner und Coach die Situation und machten sich an die Projektarbeit. Zusätzliche Explorationen wurden entweder ausgelöst durch Lücken in den Beschreibungen oder durch nicht vorhergesehene Hindernisse und Abweichungen der Realität von den Annahmen, die das Team sich gebildet hatte. Lernen aufgrund von Soll-Ist-Abweichungen führte dann eventuell zu neuen Explorationen und/oder zu kreativen Lösungsansätzen.

Exploratives Lernen (Questioning einer neuartigen Situation)

Mit den oben gemachten Einschränkungen kam es durchaus in vielen Projekten zu einer ausgiebigen Exploration. Oft fand in der Anfangsphase auch ein Besuch des Teams oder von Teilen des Teams vor Ort statt, wo dann geplant und situativ ausgelöst Explorationen vorgenommen wurden. Explorationen wurden auch durch Blockaden ausgelöst, wenn zum Beispiel das ursprünglich geplante Vorgehen nicht möglich war.

Theoriewissen (Programmed Learning) nach den Erfordernissen der Exploration

Die Vermittlung von Theoriewissen im Sinne von Programmed Learning spielte im gesamten Management Learning eine große Rolle. Aus diesem Grunde wurde eine beträchtliche Anzahl von Experten in das Programm eingebunden, die ihr Wissen zu unterschiedlichen Themen einbrachten.

Auch in den BIP-Projekten selbst zogen die Teilnehmer Experten heran, häufig interne Wissensträger, manchmal aber auch Außenstehende, um konkrete Fragen zu lösen.

Lernen als Abweichung tatsächlicher von erwarteten Ergebnissen

Meist wurde dies nicht systematisch durchgeführt, sondern es kam zu Überraschungen und „Aha-Erlebnissen", wenn die Dinge sich völlig anders entwickelten als erwartet.

c. Experiential School – Lernen als systematisch geplante und unterstützte Aktion

Der Gedanke der systematischen Planung des Lernprozesses wurde im Management Learning deutlich aufgenommen.

Systematische Lernphasen

Das Phasenmodell, nach dem die Programme abliefen, korrespondierte im weitesten Sinne mit den nachfolgend aufgeführten systematischen Lernphasen.

Lernplanung

Den Teilnehmern wurde schon zu Beginn des Programms empfohlen, eine Lernplanung vorzunehmen, die aber nicht überprüft wurde. Die Teilnehmer planten ihre Lernvorhaben selbst gesteuert, während sie im Team gemeinsam das Projekt planten. Es war den Teilnehmern selbst überlassen, ob sie das Projekt mit ihren persönlichen Lernbedürfnissen verknüpften.

Umsetzung

Die Umsetzung der Projekte erfolgte nach der Zielvereinbarung mit dem Coach. Im Prozess der Zielvereinbarung und bei der Umsetzung hatten alle Teilnehmer die Möglichkeit, dabei auch ihre persönlichen Lernvorhaben im Projekt umzusetzen. Wiederum war es dem Teilnehmer überlassen, ob und was er im Vollzug der Projektaufgabe ausprobierte.

Review der Lernergebnisse

Es wurde empfohlen, ein Review der Lernergebnisse im Team vorzunehmen. Die Teilnehmer erhielten auch die Aufgabe, ihre Erfahrungen im Projekt auszuwerten und dies summarisch im Plenum zu präsentieren.

Schlussfolgerungen

Die Teilnehmer zogen Schlussfolgerungen und leiteten Tipps für zukünftige Teams ab, etwa in Bezug auf Projektmanagement, virtuelle Kommunikation und Teamarbeit.

Unterstützung im Lernprozess

Die Unterstützung erfolgte über Hinweise im Workshop und auf der Learning Landscape, der Intranet-Plattform. Speziell bei Barrieren oder Krisen im Team unterstützten die Moderatoren auf Nachfrage. Bei Problemen im Projekt während und auch zwischen den Workshops begleitete der Facilitator.

Learn how to learn

Die Teilnehmer erhielten schon zu Beginn des Programms in einer Einführungspräsentation Hinweise, welche Lernebenen im Management Learning angeboten werden (Workshop Learning, Distance Learning, Project Learning). Darüber hinaus wurden in Abhängigkeit von den Durchführenden weitere Lernmodelle angeboten.

Persönlicher Entwicklungsplan

Einen persönlichen Entwicklungsplan aufzustellen, wurde zu Beginn des Programms empfohlen. Es gab jedoch kein Instrument für diese Anregung und es wurde auch nicht verfolgt, ob die Teilnehmer tatsächlich einen Entwicklungsplan für sich aufstellten oder nicht.

Lernvereinbarung

Eine Lernvereinbarung auf individueller Ebene gab es nicht, es wurde aber eine Absprache mit der eigenen Führungskraft empfohlen. Auf Teamebene gab es die Zielvereinbarung mit dem Coach, die allerdings am zu erreichenden Sachergebnis orientiert war und damit allenfalls indirekt Lerninhalte betreffen konnte.

Lerntagebuch

An jedem Tag der Workshops (außer an den Abreisetagen) wurden abends ca. 10 Minuten Auswertezeit für die Teilnehmer eingeplant. Dazu wurden von Moderator und Facilitator Anregungsfragen vorbereitet, die sich auf die Inhalte und Prozesse dieses Tages bezogen. Für den ersten Tag konnten diese so lauten wie in Abbildung 4.9 dargestellt.

Anregungen für mein Lerntagebuch

Was habe ich heute gelernt?

- für den Auftakt von Projekten?
- für die ersten Schritte in einem Teamentwicklungsprozess?
- wie gehe ich mit einer neuen Situation um?
- bekanntes/neues Verhalten von mir?
- welche Fähigkeiten/Ambitionen habe ich an mir neu entdeckt?

Was ist noch offen für mich?

- Welche weiterführenden Fragen habe ich?
- Worauf bin ich neugierig?

Abb. 4.9: Key Learnings – Beispiel

Diese „Key Learnings“ wurden oft in einer kombinierten Form vorgenommen, einerseits als Reflexion in der Kleingruppe, andererseits als persönliche Auswertung des einzelnen Teilnehmers. Jeder Teilnehmer erhielt dazu ein Lerntagebuch, welches er nach seinen eigenen Bedürfnissen fortschreiben konnte.

Lernen aus der Arbeit der anderen Teammitglieder

In den Teams fand in der Regel eine Rollenverteilung mit Aufgabenschwerpunkten statt. Ein wechselseitiges Lernen war dadurch durchaus gegeben. Darüber hinaus boten Feedbackprozesse eine Chance zum Lernen voneinander. Diese wurden in der Praxis sehr unterschiedlich wahrgenommen – von manchen Teams praktisch überhaupt nicht, von anderen außerordentlich intensiv.

Gruppendynamik auswerten

Gerade in der Anfangsphase gab es eine zum Teil heftige Gruppendynamik in den einzelnen Teams und in der Gesamtgruppe. Diese wurde von den Moderatoren aufgegriffen und bearbeitet. Die dabei ausgelösten intensiven Prozesse setzten Lernchancen in Gang, führten bei manchen Teilnehmern aber auch zu Abwehr und Kritik. Von der Programmkoordination wurde daher die Direktive ausgegeben, gruppendynamische Prozesse nur zur Beseitigung von Störungen auszuwerten.

Diskussion des Lernprozesses und der Lernergebnisse

Zu Beginn der Workshops 1 und 2 wurde jeweils eine Auswertung der Prozesse und Ergebnisse während der virtuellen Phase vorgenommen. Dies ergab einen Quervergleich mit den anderen Teams und die Chance zur Reflexion des Erlebten.

Projektreview

Neben den oben erwähnten Auswertungen zu Beginn der Workshops 1 und 2 fand eine ausgiebige Auswertung von Projektergebnissen und Vorgehensweisen am Abschlusstag statt.

Einzelcoaching

Systematisches Einzelcoaching über mehrere Termine fand im Management-Learning-Programm nicht statt. Gelegentlich fragten einzelne Teilnehmer nach einem Beratungstermin, der dann außerhalb der Workshop-Zeiten vom Moderator oder Facilitator wahrgenommen wurde.

d. Critical Reflection School - Lernen als Hinterfragen handlungssteuernder Annahmen

Das gezielte Hinterfragen handlungssteuernder Annahmen wurde im Management Learning nicht gefördert.

Reflexion der Persönlichkeit des Problemlösers

Feedbackprozesse im Management Learning konnten dies unterstützen.

- Handlungssteuernde Annahmen und Verhaltensmuster
- Wie verändere ich mich?
- Reflexion des Problemverständnisses des Problemlösers
- Erweitern der eigenen Perspektive
- Problemsicht aus unterschiedlichen Perspektiven
- Wahrnehmungsfehler aufdecken
- (Verdeckte) Erwartungen

Die oben genannten Aspekte waren kein systematischer Teil des Management Learning und der dort vorgenommenen Reflexionen und Auswertungen. Einzelne Aspekte konnten implizit geschehen, wie die Erweiterung der Perspektive durch das Projekt, anderes auf Nachfragen der Teilnehmer oder durch Intervention der Moderatoren.

Am ehesten waren noch in den Leitfragen zu den abendlichen Key Learnings diese Aspekte für die selbstgesteuerte Auswertung des Tages enthalten. Insgesamt blieben dies aber situative Einzelaktionen und waren nicht Teil der Programmlogik.

Reflexion des Umfelds im Unternehmen

Normen der Organisation

Einen thematischen Schwerpunkt bildeten in der Anfangszeit des Programms die Leitlinien für Führungskräfte, die auf einer empirischen Untersuchung der Werte und Normen im Unternehmen B beruhten und ein entsprechendes Instrument zur Selbsteinschätzung anboten. Später kam dazu auch noch der neu entwickelte Führungsrahmen des Unternehmens. Diese Instrumente waren nicht direkt mit dem Action Learning verbunden, sondern hatten den Stellenwert eines separaten Bausteins. Für die selbst gesteuerten Feedback-Prozesse in den BIP-Teams wurde damit allerdings ein Referenzrahmen zur Verfügung gestellt, der durch eine Checkliste unterstützt wurde.

Widersprüche zwischen Werten/Normen der Organisation und des Problemlösers

Dieser Aspekt wurde nur implizit angesprochen und nicht konkret mit dem Action-Learning-Projekt verknüpft.

4.2.4. Einschätzung von Programm B

Aus der Auswertung ergibt sich, dass Programm B vorwiegend der Tacit School folgte, die Lernen als impliziten Akt des Tuns versteht. Dies war allerdings verknüpft mit deutlichen Elementen der Scientific School, die Lernen als rationale Soll-Ist-Abweichung versteht, sowie der Experiential School, in der Lernen als systematisch geplante und unterstützte Aktion aufgefasst wird. Nachfolgend soll nun betrachtet werden, wie sich Programmdesign und Durchführung auf Kompetenzaufbau und unmittelbaren Nutzen auswirkten (vgl. Tabelle 4.3).

Kompetenzen für Führungskräfte

Lösungskompetenz

Die Lösungsorientierung spielte in Programm B eine große Rolle. Die Teilnehmer wurden von Beginn an aufgefordert, Lösungen zu suchen und nicht etwa bei Analysen stehen zu bleiben. So spielte schon bei der Auswahl der Action-Learning-Projekte der Aspekt der Lösbarkeit im vorgegebenen Zeitraum eine große Rolle. Auch auf der methodischen Seite gab es dazu Empfehlungen, insbesondere die, aus der Gesamtproblematik einen überschaubaren und lösbaren Ausschnitt auszuwählen.

Umsetzungskompetenz

Lernen durch rasche Umsetzung war die zentrale Philosophie in Programm B. Demzufolge war der Maßstab für ein erfolgreiches Action-Learning-Projekt die erfolgte Umsetzung. Gerade, weil es in Unternehmen B eine umfangreiche Erfahrung und lange Tradition zum Thema Projektmanagement gab, war das Vorgehen, sehr schnell mit der Umsetzung zu starten und aus den frühen Umsetzungsschritten für die spätere Realisierung zu lernen, für viele Teilnehmer zunächst irritierend. Die dazu angebotene Projektlogik und die Durchführung in der Praxis boten die Chance Umsetzungskompetenz zu erwerben.

Tab. 4.3: Nutzeneinschätzung Programm B

Programm **Kompetenzen**	**B**
Lösungskompetenz (F)	+++
Umsetzungskompetenz (A)	+++
Sozialkompetenz (S)	+
Teamkompetenz (S)	+

Netzwerkkompetenz (S)	++
Innovationskompetenz (F)	++
Reflexionskompetenz (P)	0
Unternehmens- und Geschäftskompetenz	+++
Unmittelbarer Nutzen für das Unternehmen	+ - +++

Sozialkompetenz

Der Aufbau von Sozialkompetenz war kein explizites Thema in Programm B. Durch die Konstellation der Action-Learning-Projekte kam es aber zu Situationen, in denen Bedürfnisse mit Partnern auch über unterschiedliche Hierarchiestufen hinweg verhandelt wurden. Ausdrückliche Auswertungen und Reflexion dieses Aspekts gab es nicht. Nach der Tacit School ist anzunehmen, dass es durch das Tun selbst zu implizitem Lernen kommen kann, das Ausmaß ist aber vermutlich eher gering.

Teamkompetenz

Teamentwicklung, Teamwork-Fähigkeiten und ähnliches tauchten in den Zielen und Instruktionen von S4 und S5 regelmäßig auf und das Action-Learning-Team war auch die Hauptbezugsgruppe des einzelnen Teilnehmers im Programm. So gab es einen beispielhaften Teambildungsprozess („Dynamic Teaming"). Es kam jedoch auch hier selten zu Auswertungen, abgesehen von individuellen Key Learnings am Abend. Immerhin wurden die Teams ermutigt, sich Spielregeln zu geben und Rollen zu verteilen, sowie zum Abschluss sich im Team Feedback zu geben. In einer späteren Phase wurden mit einem Teamrolleninstrument eine Unterstützung und auch eine Terminologie zur Selbst- und Teameinschätzung angeboten. Bei Krisen konnten sich die Teams Unterstützung vom Facilitator oder den Moderatoren holen, was im Workshop gelegentlich und zwischen den Workshops nur sehr selten geschah – und zwar auch dann nicht, wenn das Team nicht mehr funktionierte (Bei Projektproblemen kam es eher vor, dass der Facilitator als Projektbetreuer eingeschaltet wurde).

Nützlich waren dagegen sicherlich Erfahrungen und Tipps der Teilnehmer zur Gestaltung der virtuellen Teamphasen zwischen den Workshops, die dann als Checklisten zur Verfügung standen. Insgesamt ist aber die Einschätzung, dass der Aufbau an Teamkompetenz in Programm B eher gering war.

Netzwerkkompetenz

Die Teilnehmer kamen aus allen Bereichen des Unternehmens B an den verschiedenen deutschen Standorten. Das Programm bot von daher viele Möglichkeiten Kontakte zu knüpfen und durch die virtuellen Phasen auch zu halten. Dabei kam es der Vernetzung sicher entgegen, dass neben den Action-Learning-Teams mit den Tutorien eine zweite virtuelle Struktur eingezogen wurde, die regelmäßigen Austausch und Zusammenarbeit verlangte. Mit einem Suche-Biete-Markt wurde eine Vernetzung über aktuelle fachliche Bedürfnisse angestoßen. Daneben bot das Programm auch einige technische Tools zu Vernetzung. Neben einer Diskussionsplattform schuf dies die Möglichkeit, eine eigene Website in die Learning Landscape einzustellen und insbesondere auch eine Datenbank mit den Ergebnissen aller Action-Learning-Teams weltweit.

Gute Netzwerker konnten in Programm B ihre Netzwerke zweifellos weiter ausbauen, es gab eine Vielzahl praktischer Prozesse sowie Anregungen und Tools zum Kompetenzaufbau. Der persönliche Aspekt wurde nicht thematisiert.

Die Teilnehmer konnten so einige Faktoren effektiver Netzwerkarbeit praktizieren, nämlich wechselseitige Befriedigung von (Informations-) Bedürfnissen, persönlicher Kontakt, aktive Pflege der Beziehungen im virtuellen Raum.

Innovationskompetenz

In den Projekten bearbeiteten jeweils Teilnehmer aus ganz unterschiedlichen Bereichen ein Thema. Dadurch war eine gute Voraussetzung gegeben, sich dem Problem unvoreingenommen zu nähern. Gleichzeitig wurde durch den Owner des Themas und den Coach (=Client) nicht nur Information gegeben, sondern auch der Lösungsweg vorgezeichnet. Häufig wurde dies auch von den Teams dankbar aufgenommen und sogar eingefordert. Hier gab es allerdings beträchtliche Unterschiede, da manche Coaches gerade auch an neuen Ideen interessiert waren.

Gleichzeitig erhielten die Teams die Anregung, Lösungsansätze zu hinterfragen, kritische Fragen zu stellen und eigene Lösungsvorschläge zu entwickeln. So kam es besonders bei der Umsetzung dazu, dass Teams sich mit alternativen Vorgehensweisen beschäftigten und Neues erprobten. In vielen der betrachteten Programme waren die Teilnehmer interessiert, von den Moderatoren etwas über Kreativitätstechniken zu erfahren. Für die Teilnehmer bedeutete dies, es gab im Programm gute Möglichkeiten, die eigene Innovationskompetenz zu verbessern, auch wenn die Bandbreite zwischen den verschiedenen Projekten und Programmen sicherlich groß war.

Reflexionskompetenz

Reflexionen hatten im Programm B im Betrachtungszeitraum einen relativ geringen Stellenwert. Es wurden zwar Auswertungen des Tages und z.B. der virtuellen Phasen zwischen den Workshops vorgenommen, diese hatten aber einen begrenzten Charakter und waren in der Regel eher umsetzungsorientiert.

Eine Reflexion eigener Anteile in sozialen Situationen, sowie eine Reflexion von z.B. Normen und Werten im Umfeld des Projekts und dem eigenen Bezug dazu, war nicht gefordert. Reflexionskompetenz konnte daher kaum aufgebaut werden.

Unternehmens- und Geschäftskompetenz

Im Programm und in den Teams kamen Teilnehmer aus den verschiedenen Bereichen des Unternehmens zusammen, die dazu in ihrer Alltagswelt kaum die Gelegenheit hatten. Gleichzeitig konnten die meisten Teilnehmer eine Action-Learning-Aufgabe in einem ihnen fremden Bereich bearbeiten. Die Anforderung, nicht nur zu analysieren, sondern konkret umzusetzen, ermöglichte es auch, ein Gespür für die Wirkmechanismen und Fußangeln zu entwickeln. Diese praktische Arbeit, kombiniert mit vielen Hinweisen über das Unternehmen insgesamt, die im Programm gegeben wurden, ermöglichte einen deutlichen Aufbau an Geschäftskompetenz.

Unmittelbarer Nutzen für das Unternehmen

Action-Learning-Aufgaben in Programm B endeten mit einer erfolgreichen Umsetzung als Praxisnachweis. Auch wenn dies den Teams gerade in der Anfangsphase nicht immer gelungen ist, gab es doch eine deutliche Erfolgsquote.

Ein darüber hinausgehender Nutzen durch Anwendung der Ergebnisse in der Breite des Unternehmens wurde dagegen kaum erzielt.

Trotzdem bedeutete dies für das Unternehmen in der Regel unmittelbar verwendbare Ergebnisse und Nutzen für den Client und seinen Bereich.

4.3. Action-Learning-Programm C

Im Unternehmen C entstand aufgrund des rapiden Wachstums der zurückliegenden Jahre in Form einer rasch gestiegenen Anzahl von Beteiligungen und der schwieriger gewordenen Situation im Energiemarkt das Bedürfnis, die Führungskräfte der Beteiligungsgesellschaften aber auch der Hauptverwaltung systematisch auszubilden. Im Hintergrund stand dabei zunächst die Überlegung, den über 100 Beteiligungen qualifiziertes Führungspersonal für die

Position des Geschäftsführers und bei größeren Gesellschaften auch der nachfolgenden Ebene zur Verfügung zu stellen.

Dem Geschäftsmodell von Unternehmen C entsprechend handelte es sich bei den Gesellschaften um Minderheitsbeteiligungen. Die Hauptverwaltung übte Einfluss im Sinne einer Partnerschaft dadurch aus, dass sie für das Geschäft sinnvolle Unterstützung anbot über deren Nutzung die Beteiligungsgesellschaft jeweils selbst entschied. Dieses Vorgehen wurde auch für Programm C gewählt. So sollten mit diesem Programm einerseits die Beteiligungen eine Gelegenheit erhalten, ihr eigenes (Führungs-) Personal qualifizieren zu können, andererseits aber auch Nachwuchskräfte der Hauptverwaltung vorbereitet werden, Geschäftsführerfunktionen oder andere Führungsfunktionen in den Beteiligungen zu übernehmen. Dieser letzte Gesichtspunkt wurde rasch dahingehend erweitert, dass Programm C auch die Vorbereitung auf Funktionen in der Hauptverwaltung umfassen sollte.

Die Diskussion spiegelt den Stand des Programms während und nach der Pilotveranstaltung wieder.

4.3.1. Die Entstehungsgeschichte von Programm C

Der Personalvorstand des Unternehmens C sah sich vor der Aufgabe, für die rasch gewachsene Unternehmensgruppe eine systematische Personalentwicklung aufzubauen. Er beauftragte daher seine diesbezügliche Fachabteilung mit der Ausarbeitung eines Konzepts für eine Ausbildung von Führungsnachwuchskräften. Dazu wurde eine Steuerungsgruppe eingerichtet, der er selbst angehörte. Weitere Mitglieder in der Steuerungsgruppe waren die Personalentwicklung, einige Hauptabteilungsleiter aus der Hauptverwaltung sowie der Geschäftsführer und eine Personalbetreuerin aus einer großen Beteiligung. Der Begriff Führungsnachwuchskräfte, abgekürzt FNK, wurde als Name für dieses Projekt gewählt. Von der Steuerungsgruppe wurde folgender Rahmen für das Programm verabschiedet (vgl. Abbildung 4.10). Für die einzelnen Seminarblocks wurden thematische Schwerpunkte festgelegt (vgl. Abbildung 4.11).

- Schwerpunkt: Aufbau der Führungskompetenz
- Zeitraum: ca. 1,5 Jahre
- Trainings als 2 oder 3-Tages-Veranstaltung mit einer Gruppengröße von max. 15 Teilnehmern
- Häufigkeit der Trainings:
  - 1. Jahr: 4 x 3 Tage
  - 2. Jahr: 2 x 3 Tage
+ 1 Tag Abschlussworkshop
ggf. 2 x 1 Tag Fachthemen
- Kontinuität des Trainers und des Teams
- Aufeinander aufbauen der einzelnen Trainings, damit Inhalte und Verhaltensmaßnahmen validiert werden können

Abb. 4.10: Konzept für Programm C – Überblick

Block
Kommunikation, Gesprächsführung
Konfliktmanagement
Führen und Verhalten
Zeitmanagement
Moderation/Präsentation
Projektmanagement
Abschluss-Workshop
Unternehmensführung
Personalarbeit

Abb. 4.11: Programm C – thematische Schwerpunkte

Die Aufzählung stellte eine klare inhaltliche Anforderung, die auch bereits als Reihenfolge definiert und darüber hinaus zeitlich strukturiert war. Die ersten vier Blocks sollten im ersten Jahr durchgeführt werden, die drei folgenden Blocks im zweiten Jahr. Die Punkte Unternehmensführung und Personalarbeit schließlich waren als Module gedacht, die als Ergänzung außerhalb des Qualifizierungsprogramms stattfinden sollten.

Für die Durchführung wurden externe Partner ausgewählt. Diese hatten vorgeschlagen, zur Sicherstellung einer hohen Praxisrelevanz des Programms einerseits die Nutzung von Action Learning zu prüfen und andererseits eine umfassende Diagnose im Unternehmen durchzuführen, um die Ausgestaltung des neuen Programms eng mit den Bedürfnissen des Unternehmens zu verzahnen.

4.3.1.1. Organisationsdiagnose

Die Organisationsdiagnose wurde in folgenden Schritten durchgeführt:

- Entwicklung eines offenen Interviewleitfadens durch die Berater, der durch Anregungen des Steuerungskreises ergänzt wurde.
- Durchführung von Einzel- und Gruppeninterviews durch die Berater.
- Bewertung und Verdichtung der Interviewergebnisse durch den Steuerungskreis, wodurch sie zum eigentlichen Diagnose-Ergebnis wurden.
- Dieses Ergebnis wurde schließlich den Führungskräften und Teilnehmern in einer Auftaktveranstaltung vorgestellt und mit ihnen diskutiert. In dieser letzten Veranstaltung wurden die Ergebnisse von den Anwesenden ausdrücklich bestätigt.

In die Diagnose wurden Entscheider aus Hauptverwaltung (Vorstand und Hauptabteilungsleiter) sowie einer Beteiligung (Geschäftsführer) einbezogen. Der eigentliche Teilnehmerkreis konnte auf Wunsch des Unternehmens erst ganz am Schluss einbezogen werden, um bei potenziellen Teilnehmern keine falsche Erwartungshaltung zu erzeugen.

Die Diagnose gab wichtige Hinweise für die Konstruktion des Programms, die neben einer Risikoabschätzung und Durchführungshinweisen für den Pilotlauf auch inhaltliche Ergebnisse erbrachte: So gab sie Aufschluss über die gelebte Kultur des Unternehmens, bei der Einflussnahme durch Überzeugung, partnerschaftlicher Umgang mit den verschiedenen Partnern im kommunalen Bereich und in der Leistungskette sowie die Verknüpfung harmonischen Auftretens mit dem Vertreten gezielter Positionen eine Rolle spielten. Die Kultur des Unternehmens sollte auch in dem neuen Programm gelebt werden, z.B. im Umgang mit Anforderungen an die Teilnehmer. Die Diagnose diente auch als Grundlage für die Ausgestaltung der Rolle der externen Berater als Trainer und entsprechende Absprachen mit dem Unternehmen.

Aufgrund der Diagnose wurde zur Verwendung im Programm ein Anforderungsmodell für eine der Haupt-Zielfunktionen des Programms rekonstruiert, nämlich für den Geschäftsführer einer Beteiligungsgesellschaft.

Schließlich wurde deutlich, wie hoch die interne Vernetzung im Unternehmen und speziell in der Hauptverwaltung war – das Unternehmen verstand sich selbst als Netzwerk – und wie groß die Bereitschaft nicht nur der Personalentwicklung sondern der gesamten oberen Führungsebenen, in das Qualifizierungskonzept systematisch eingebunden zu sein. Dieser Vernetzungsgedanke führte bei der Konstruktion des Programms dazu, obere Führungskräfte aus Hauptverwaltung und Beteiligungsgesellschaften in Form von Kaminabenden gezielt vor Ort einzubinden, aber auch im Action Learning als Auftraggeber zu nutzen.

4.3.1.2. Programmdesign

Auf der Grundlage der Diagnose wurde die Rahmenvorgabe des Steuerungskreises weiterentwickelt zum Programmdesign für die Pilotanwendung. Dabei wurden folgende Modifikationen, Ergänzungen und Verfeinerungen vorgenommen:

- Neben den inhaltlichen Schwerpunkten gab es durchgehende Verbindungslinien zwischen den Seminarblocks, um die gesamte Zeitstrecke als Periode der Persönlichkeitsentwicklung zu nutzen.
- Die Ausbildung sollte sich nicht ausschließlich an zukünftigen Führungspositionen in den Beteiligungen orientieren, sondern auch die Möglichkeit einschließen, Führungsaufgaben in der Hauptverwaltung wahrzunehmen und darüber hinaus auch für die aktuelle Position schon von Nutzen sein.
- Die Abfolge und Dauer der Seminarstruktur wurde in einigen Punkten umgestellt.
- In jedem Seminarblock gab es einen Kaminabend, an dem Vorstände oder Geschäftsführer sich zum Gespräch mit den Teilnehmern zur Verfügung stellen und damit gezielt das Führungsverständnis der Nachwuchskräfte beeinflussen konnten.
- Zwischen einigen Blocks fanden zusätzliche Reflexionstage statt.
- Der Pilotlauf wurde durchgehend mit zwei Trainern durchgeführt und schließlich:
- Action Learning wurde als integraler Bestandteil in das FNK-Konzept aufgenommen.

Um die durchgehende Entwicklung zu veranschaulichen wurde in Anlehnung an Dilts (1993) das Modell der logischen Ebenen gewählt, welches verschiedene Elemente enthält, die zur Entwicklung der Führungspersönlichkeit genutzt werden können (vgl. Abbildung 4.12).

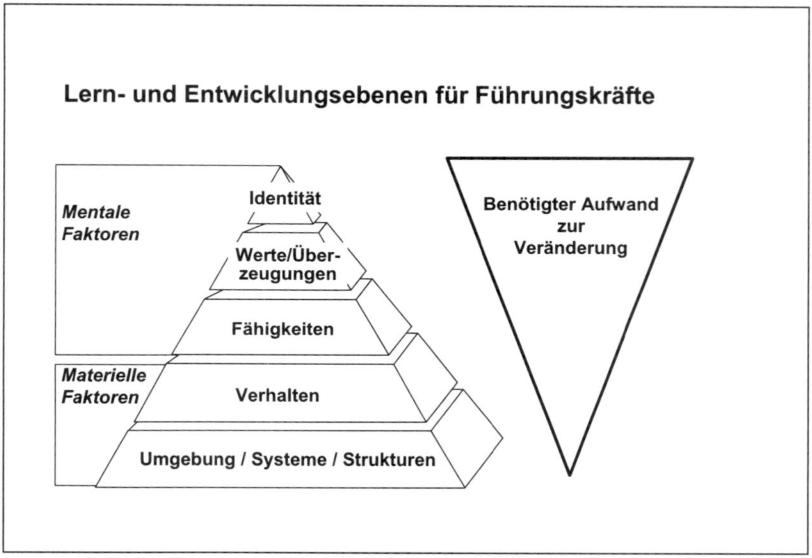

Abb. 4.12: Lern- und Entwicklungsebenen für Führungskräfte (nach Dilts, 1993)

Dieses Modell macht in mehreren Abstufungen deutlich, welche materiellen und mentalen Entwicklungsebenen vorhanden sind, und gibt einen Hinweis auf die Veränderungsresistenz. Es wurde in der Diagnose schnell deutlich, dass nicht nur die unteren sondern gerade auch die oberen Ebenen Teil des Programms sein sollten. Daraus ergab sich das in Abbildung 4.13 dargestellte Design. In jedem Block sollten damit die unterschiedlichen Lernebenen adressiert werden. Am Beispiel des Blocks Führen und Verhalten wurde dies exemplarisch in Abbildung 4.14 aufgezeigt.

Durch die Arbeit mit den verschiedenen Ebenen in jedem Block wurde die gesamte Programmdauer zu einem fortlaufenden Entwicklungsprozess. Anhand der Ebene „Einstellungen/ Überzeugungen" hieß dies beispielsweise, dass Feedbacks und Reflexionen immer selbstverständlicher werden und damit tiefer gehen können, beziehungsweise z.B. Verhaltensthemen und den Stand ihrer Veränderung immer wieder aufgreifen.

Die verschiedenen Lernebenen ziehen sich durch das gesamte Ausbildungs-Programm

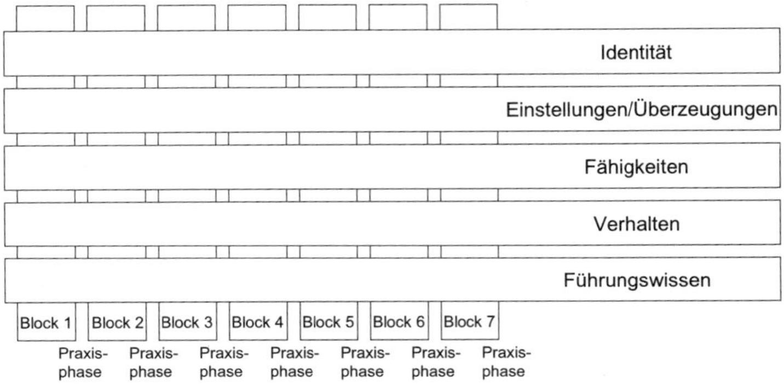

Abb. 4.13: Lernebenen in Programm C

Block „Führen und Verhalten" als Beispiel

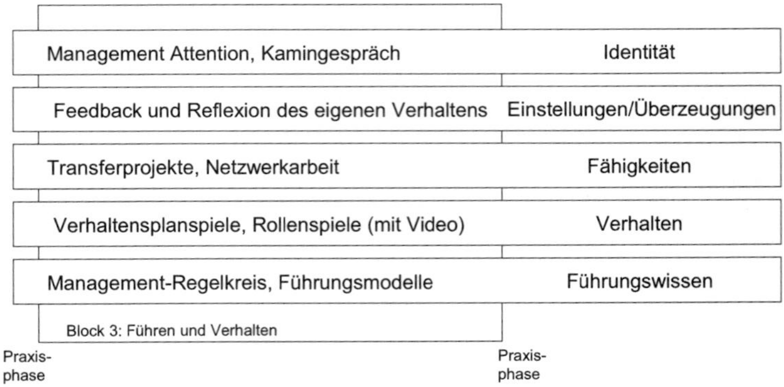

Abb. 4.14: Lernebenen in Block Führen und Verhalten (Beispiel)

4.3.2. Analyse von Programm C anhand der Action-Learning-Kriterien

4.3.2.1. Generelle Merkmale von Action Learning

Learning by doing

Die Action-Learning-Projekte in Unternehmen C waren so angelegt, dass eine exemplarische Umsetzung die Messlatte für Erfolg war. Die Teams kamen daher rasch ins Tun und lernten durch den Prozess des Ausprobierens.

Exploration steuert Expertenwissen

Dieses wurde von Moderatorenseite in den Projekten unterstützt und fand auch tatsächlich statt. Beispiel: Ein Team bekam die Aufgabe gestellt, kommunikationsfördernde Designs für bestimmte Veranstaltungstypen und Tagungen zu gestalten. Im Verlauf der Umfeldanalyse erhielt das Team die Anregung, dass Großveranstaltungen (Large group interventions) eine Lösung sein könnten.

Im Team führte dies dazu, dass zunächst ein intensives Literaturstudium zu Großgruppen-Ansätzen wie Open Space begann. Schließlich plante und organisierte das Team eine Großveranstaltung, um damit selbst Erfahrung in der Durchführung solcher Veranstaltungen zu sammeln. Für die Moderation wurde ein gemischtes Team gebildet, in dem ein externer Experte das Action-Learning-Team mit seinem theoretischen und praktischen Fachwissen unterstützte.

Das Action-Learning-Team als Medium für Reflexion, Erproben neuer Lösungen und persönliche Entwicklung

Die Teams hatten den Auftrag, neue Lösungen zu entwickeln und zu erproben und konnten dazu in Absprache mit dem Auftraggeber eingefahrene Gleise verlassen. Die Reflexion in den Teams fand in moderierter Form z.B. an den Reflexionstagen statt. Dabei ging es insbesondere um die Themen Team und Aufgabe. Für die persönliche Entwicklung definierte jeder Teilnehmer persönliche Lernfelder und erhielt im Team intensives Feedback zu seinem Verhalten.

Die Simultaneität von Problemlösen und Lernen bzw. von persönlicher und organisationaler Entwicklung in Form einer „Wippe" oder eines „magischen Steinwurfs"

Die Simultaneität ergab sich in dreifacher Hinsicht: Lernen und Problemlösen als Anwendung von Projektmanagement, als Begreifen und Eingreifen in die eigene Organisation und als Suche nach und Umsetzung von innovativen Konzepten.

In allen Action-Learning-Projekten wurden Themen aufgegriffen, bei denen Verbesserungsbedarf im Unternehmen wahrgenommen wurde. Dies eröffnete den Teilnehmern die Möglichkeit, Strukturen und Abläufe besser zu verstehen und gleichzeitig ihre Lösungshypothesen auf Akzeptanz zu überprüfen.

In einigen Fällen ging es auch darum, innovative Lösungen für eine bestimmte Problemstellung zu suchen und damit den Lösungsraum zu öffnen.

4.3.2.2. Der Prozess der Problemlösung

Identifikation des Problems

Für die Identifikation von Action-Learning-Aufgaben wurden zwei Wege beschritten. Einerseits wurden die Teilnehmer selbst aufgefordert, Themen zu benennen, andererseits hatten auch die Leitungen in der Hauptverwaltung und den Beteiligungen die Möglichkeit, Themen anzubieten.

Zur Kanalisierung der Identifikation von Themen wurde den Teilnehmern eine Reihe von Anhaltspunkten gegeben, die über die Personalentwicklung auch an die Leitungen kommuniziert wurde:

- Echtes Business Thema
- Nicht nur Analyse, sondern Nachweis, dass es funktioniert (Umsetzung)
- Machbar mit begrenzten Ressourcen
- Zeithorizont ca. 6 Monate
- Am Ergebnis interessierter Auftraggeber

Bei der Pilotdurchführung wurde von allen Möglichkeiten Gebrauch gemacht.

Zusammensetzung des Action-Learning-Teams

Die möglichen Teilnehmer eines Action-Learning-Teams kamen alle aus einer Programm-Durchführung. Damit gab es Teilnehmer im Pilotprogramm aus Hauptverwaltung und Eigenbetrieb, bei späteren Durchführungen kommen die Beteiligungen dazu, die einen großen Anteil der Teilnehmer stellen werden.

Die konkrete Auswahl, wer in welchem Team teilnahm und sogar zu welchen möglichen Themen sich überhaupt ein Team fand, nahm die Gruppe selbst vor. Dazu wurde der Gruppe in einem selbst gesteuerten Prozess Raum gegeben. Zur Vorbereitung wurden Auswahlkriterien mit der Gruppe besprochen und auch betrachtet, ob und inwiefern sich der Auswahlprozess bei Anlegen der verschiedenen Kriterien veränderte. Kriterien waren beispielsweise

- Welche Themen sind für das Unternehmen am wichtigsten?
- Welche Themen sind in der Zeit am besten bearbeitbar?
- Welches Thema würde mein Chef gerne gewählt sehen?
- Welches Thema macht mir am meisten Spaß?
- Bei welchem Thema kann ich selbst am meisten lernen?

Der Auswahlprozess wurde mit einer Startsitzung der neuen Teams beendet.

Beauftragung des Action-Learning-Teams

Jedes Team hatte einen Auftraggeber aus dem oberen Management bis hin zum Vorstand, der an den Ergebnissen des Teams unmittelbar interessiert war. Nach der Bildung der Projektteams kam es zu ersten Kontakten mit dem Auftraggeber, um sich kennen zu lernen und die Analyse des Umfelds zu starten. Nach der Projektumfeldanalyse wurde eine schriftliche Vereinbarung zwischen Projektteam und Auftraggeber geschlossen, in der festgehalten wurde, welche Ergebnisse zu erbringen waren. Diese wurde von allen Beteiligten unterzeichnet.

Sammlung und Analyse von Daten

Die Teilnehmer führten zu Beginn der Action-Learning-Aufgabe eine Projektumfeldanalyse durch, in der sie Daten sammelten. Es wurde ihnen als Aufgabe gestellt, aus unterschiedlichen Perspektiven die Problemsicht zu rekonstruieren und sich nicht nur auf die Darstellung des Auftraggebers zu stützen. Die gesammelten Daten wurden mit dem Auftraggeber diskutiert und durch diese gemeinsame Analyse abgesegnet. Ein solches Vorgehen war für die Teilnehmer im Pilotprogramm ungewohnt. Es wurde von ihnen jedoch als hilfreich empfunden zu erfahren, dass die Berater bei der Diagnose für das Gesamtprogramm dieselbe Vorgehensweise gewählt hatten.

Erprobung von Lösungen

Lösungsideen auszuprobieren und dadurch zu lernen war von Beginn an fest vereinbarter Bestandteil des Programms. In der Praxis musste hier konsequent nachgehakt werden, um sicherzustellen, dass die Projekte nicht bei der Analyse stehen blieben. Dies betraf einerseits die Auffassung der Teilnehmer, die erst nach und nach verinnerlichten, dass es um den Nachweis der Machbarkeit ging und das Lernen aus Pilotumsetzungen, als auch die Erwartung einiger Auftraggeber, die zunächst bereit waren, eine (sorgfältige) Analyse als Ergebnis zu akzeptieren.

In allen drei Projekten des Pilotprogramms wurden Lösungen erprobt und damit die Machbarkeit und Akzeptanz in der Praxis überprüft.

Rückmeldung von (Zwischen-)Ergebnissen

Innerhalb des Programms wurde der Stand der Projekte mit Ergebnissen und Zwischenergebnissen systematisch verfolgt und ausgewertet. Die eigentliche Bearbeitung der Action-Learning-Projekte erstreckte sich von Block 3 bis Block 5. Da im Block 6 (Abschluss-Workshop) die offizielle Ergebnispräsentation vor der Unternehmensleitung, Auftraggebern und Personalentwicklung stattfand, bestand für die Bearbeitungsphase ein Puffer bis Block 6, der von einem Team auch explizit für die Umsetzung genutzt wurde. In jedem Block wurden die jeweiligen Prozessschritte und Ergebnisse sorgfältig ausgewertet und reflektiert. In Block 3 betraf dies den Prozess der Teambildung und Planung der ersten Schritte, in Block 4 die Ergebnisse der Projektumfeldanalyse, in Block 5 (und ggf. Block 6) die Ergebnisse der Umsetzungsphase, in Block 6 schließlich Darstellung und Vermarktung der Ergebnisse.

In der Mitte der Umfeldanalyse und der Arbeitsphase fand zusätzlich je ein Reflexionstag statt, um Blockaden dieser Phasen gezielt aufzugreifen und hinsichtlich Vorgehensweisen und erreichten Ergebnissen eine Vernetzung der Teams sicherzustellen. Im Pilotprogramm wurden gerade auch diese Reflexionstage von den Teilnehmern als sehr hilfreich eingeschätzt.

Roll-out der Lösung in die Breite

Die Implementierung der Projektergebnisse in die Breite war vorgesehen und erwünscht. Im Pilotprogramm wurde bei einem Projekt aufgrund der Erfahrungen bei der Durchführung der weitere Einsatz für vergleichbare Fälle empfohlen, bei einem weiteren Projekt wurde die Einführung in einer Beteiligung durchgeführt, andere Beteiligungen konnten sich bei Bedarf an der Umsetzung vor Ort orientieren, beim dritten Projekt wurde nach einem erfolgreichen Auftakt die Weiterführung beschlossen.

Hilfreich für die (mögliche) Implementierung in der Breite war auch, dass die Projekte und ihre Ergebnisse in der Firmenzeitschrift ausführlich als Erfolge publiziert wurden.

4.3.2.3. Formen des Sets

Im Grundsatz war klar, dass die Action-Learning-Projekte organisationsübergreifend und nicht aus dem eigenen Tätigkeitsbereich angelegt sein sollten.

Das Pilotprogramm stellte diesbezüglich insofern eine Besonderheit dar, als fast alle Teilnehmer aus der relativ kleinen Hauptverwaltung kamen, wenngleich aus verschiedenen Hauptabteilungen. Für spätere Durchführungen ist daher mit einer größeren Mischung der Teilnehmer zu rechnen.

Projekt aus der eigenen Aufgabe vs. Projekt aus einer fremden Aufgabe

Generell entstammten die Projekte nicht der eigentlichen Tagesaufgabe der Teilnehmer. Dies wurde noch dadurch unterstützt, dass zwei der drei Projekte von der Unternehmensleitung definiert wurden. Dennoch war in einigen Fällen von den Teilnehmern zu hören, sie hätten zu diesen Themen auch ohne FNK-Programm Lösungen erarbeiten müssen, wenn z.B. der Vorstand hier einen Handlungsbedarf gesehen hätte. Insofern setzten die Action-Learning-Projekte mit einer neuen Projektlogik (Ergebnisorientierung vs. Analysen) auf einer bereits praktizierten Vorgehensweise auf. Dies betraf nicht das Projekt, das die Teilnehmer sich selbst gesucht hatten.

Projekt in der eigenen Organisation vs. Projekt in einer anderen Organisation (oder einem anderen Organisationsteil)

Für eine intensive Lernerfahrung wurde den Teilnehmern empfohlen, andere Organisationsteile oder Organisationen (z.B. Beteiligungen) in die Projekte einzubeziehen.

Im Pilotprogramm war dies in allen drei Projekten der Fall, wenn auch sicher in einem unterschiedlichen Ausmaß. In zwei Projekten stand der Dialog zwischen Hauptverwaltung und Beteiligungen im Vordergrund. Entsprechend war die Resonanz der Teilnehmer aus den Beteiligungen von großer Bedeutung, auch wenn die Projekte in der Hauptverwaltung angesiedelt waren. Das dritte Projekt schließlich wurde direkt in einer Beteiligung implementiert.

Projektideen der Teilnehmer stammten allerdings in aller Regel aus ihrer eigenen Organisation.

Ein gemeinsames Projekt für das Team vs. jeder Teilnehmer hat sein eigenes Projekt

Das FNK-Programm des Unternehmens C war so angelegt, dass jedes Team ein gemeinsames Projekt bearbeitete.

Vollzeit-Action-Learning vs. Teilzeit-Action-Learning

Action-Learning-Projekte wurden zusätzlich zum Tagesgeschäft durchgeführt. Ursprünglich war dies mit der Forderung verknüpft, die Projekte eng zu begrenzen, um eine übermäßige Belastung der Teilnehmer zu vermeiden. Tatsächlich ergab sich mit den hochkarätig angelegten Projekten jedoch eine Eigendynamik, die vielfach zu einem hohen Einsatz der Teilnehmer führte. Konflikte zwischen Tagesarbeit und Projekt mussten gelöst werden.

4.3.2.4. Projektmanagement

Einführung in das Thema im Programm C

Projektmanagement war eines der Ausbildungsthemen im FNK-Programm von Unternehmen C. Der Auftakt der Action-Learning-Projekte fand im FNK-Programm im Block „Projektmanagement" statt, so dass auch didaktisch eine enge Verknüpfung zwischen Projektmanagement und Action Learning erfolgte.

a. Klassisches Projektmanagement

Die Teilnehmer erhielten im Auftakt-Block für Action Learning zunächst eine Einführung in das Thema Projektmanagement mit Fokus auf grundlegende klassische Tools, wie Umfeldanalyse, Projektstrukturplan, Meilensteine und Risikoanalyse. Das Projekt wurde dann nach der Auswahl der Projektthemen und der Bildung der Projektgruppen unter Verwendung der Methoden des Projektmanagements aufgesetzt.

Zielvorgabe

Die Projektideen, die für die Auswahl der eigentlichen Projekte zur Verfügung standen, waren mit einer ersten „naiven" Zielformulierung verknüpft. Aufgabe des Projektteams war es, aufgrund der Umfeldanalyse eine konkrete Zielvereinbarung mit dem Auftraggeber auszuhandeln, die den Anforderungen des Action Learning entsprach (Learning by Doing) und beiden Seiten sinnvoll und leistbar erschien. Es wurden Ziele ausgehandelt, die nach den SMART-Kriterien (Spezifisch, Messbar, Aktiv beeinflussbar, Realistisch, Terminiert) operationalisiert wurden.

Zeitliche, finanzielle, personelle und andere Begrenzungen

Ein wichtiges Element der Zielvereinbarung war die Definition der Ressourcen, die dem Team zur Verfügung standen und individuell festgelegt werden konnten. Darüber hinaus gab es auch einen durch das FNK-Programm festgelegten Rahmen, der neben der generellen Action-Learning-Vorgehensweise insbesondere zeitliche Restriktionen betraf.

Für die Durchführung der Projekte gab es einen klaren Zeitplan, nämlich Start in Block 3, Durchführung der Umfeldanalyse bis Block 4 und Erarbeitung der Ergebnisse bis Block 5, mit einem gewissen Puffer zwischen Block 5 und 6 (Abschlussworkshop). In den Projekten wurde innerhalb dieser Grenzen zusätzlich eine detaillierte Zeitplanung vorgenommen.

Finanzielle Ressourcen wurden zwischen Projektteam und Auftraggeber vereinbart. Im Pilotprogramm wurde dafür eine eigene Kostenstelle eingerichtet.

Als personelle Ressource stand den Teilnehmern zunächst ihr Team zur Verfügung. Weitere Ressourcen konnten bei Bedarf mit den Auftraggebern ausgehandelt werden. Im Pilotprogramm war dies zumindest zeitweise in allen drei Projekten der Fall.

Eine weitere spezifische Restriktion bestand darin, dass bestimmte zentrale Entscheidungen des Teams, wie zum Beispiel die Unterschrift unter die Zielvereinbarung, erst nach einer Reflexionsschleife, die auch Feedback der anderen Teams beinhaltete, getroffen werden sollte.

Abgrenzung gegenüber anderen Vorhaben

Die Abgrenzung gegenüber anderen Vorhaben war durch die formale Projektbeschreibung und Zielvereinbarung gegeben. In der Pilotdurchführung ergab sich in einem Fall ein Konflikt mit einer anderen Aufgabe, die im Unternehmen gestellt worden war, woraus sich eine potenzielle Überlappung mit dem Projektteam ergab. Aufgrund der Zielvereinbarung konnte hier eine Klärung herbeigeführt werden.

Projektspezifische Organisation

Für die Projektorganisation nahmen die Teams sich ausdrücklich Zeit. Es wurden spezifische Rollen vergeben, insbesondere der Projektleiter und sein Stellvertreter, Information, Kommunikation und Dokumentation von Ergebnissen festgelegt, sowie Spielregeln vereinbart.

b. Prozessorientierte Steuerung

Durch das Design des Programms mit regelmäßigen Reflexionsschleifen war eine prozessorientierte Steuerung von Anfang an intendiert. Mit einer Kraftfeldanalyse zu Beginn wurde die Basis gelegt, um bei Bedarf steuernd einzugreifen. Wesentliches Ziel war es, den Blick der Teilnehmer dafür zu schärfen, dass es neben dem Sachaspekt noch weitere Faktoren gab, die den Erfolg des Projekts beeinflussten, und dafür Interventionsmöglichkeiten an die Hand zu geben.

Macht, Veränderungsenergie, Widerstände und Vernetzungen

Alle Teams nahmen in der Anfangsphase eine Abschätzung der unterstützenden und hemmenden Faktoren in Bezug auf ihre Projektarbeit mittels einer Kraftfeldanalyse vor (Doppler, 1994, aber auch z.B. Czichos, 1993). Diese Kraftfeldanalyse konnte bei Bedarf fortgeschrieben werden, stellte aber vor allem einen Denkrahmen für die prozessorientierte Steuerung des Projekts dar.

In der praktischen Durchführung kamen für ein Projektthema beispielsweise zwei mögliche Auftraggeber in Betracht. Der eine war als Geschäftsführer vor Ort in einem Eigenbetrieb tätig, der andere leitete in der Zentrale eine Hauptabteilung. Unter den Aspekten der Durchsetzungsmacht und der Vernetzung kam einem Hauptabteilungsleiter der Zentrale große Bedeutung zu, um das Thema fachlich in der gesamten Unternehmensgruppe zu vertreten. Andererseits hatte ein Geschäftsführer großen Einfluss auf das Geschehen vor Ort, wo die Pilotanwendung stattfinden sollte. Er hatte in diesem Fall ein direktes Interesse am Projektergebnis (d.h. Veränderungsenergie) und konnte bei Widerständen unmittelbar unterstützen, weshalb das Team sich letztlich dafür entschied, ihn darum zu bitten, die primäre Auftraggeberrolle zu übernehmen. Der Hauptabteilungsleiter konnte dazu gewonnen werden, dem Team beratend zur Seite zu stehen.

c. Durchbruchsstrategie

Die Philosophie der Durchbruchsstrategie wurde in den Action-Learning-Projekten genutzt. Die Teilnehmer setzen konkrete (Teil-) Schritte um und erbrachten damit den Nachweis der Machbarkeit. Auf diese Weise wurde eine Lernkurve in Gang gesetzt, die weitere Umsetzungen erleichterte.

Ergebnisorientierung

Ergebnisorientierung stand im Kontext der Durchbruchsstrategie im Gegensatz zur Aktivitätsorientierung. Es ging darum, rasch und effektiv Ergebnis zu erzeugen. Reine Analysen wurden daher als Ergebnis eines Action-Learning-Projekts nicht akzeptiert. Es gab die strenge Anforderung nach Lernen durch Umsetzung. Die Umsetzung zielte beispielhaft auf wichtige Aspekte des übergeordneten Ziels.

Durchbruchsziel (messbar)

Das Vehikel zur Auswahl eines wichtigen Teilziels, welches rasch umgesetzt werden kann, war das so genannte Durchbruchsziel. Jedes Action-Learning-Team vereinbarte mit seinem Auftraggeber ein solches Durchbruchsziel, dessen Erreichung klar messbar war.

4.3.2.5. Strukturelle Merkmale des Ablaufs

Action-Learning-Aufgabe

Die Action-Learning-Aufgabe spielte im FNK-Konzept eine wesentliche Rolle und wurde als Action-Learning-Projekt oder AL-Projekt bezeichnet.

Workshop-Struktur

Die ursprünglich vorgegebene Struktur der Seminare oder Workshops, die in der Terminologie des Programms als „Blocks“ bezeichnet wurden, wurde in einigen Punkten verändert und weiterentwickelt. Wesentlich waren dafür didaktische und pragmatische Gründe. Dabei wurde mit den Vorgaben, wie sie in der Rahmenstruktur niedergelegt waren, und den Ergebnissen der Diagnose ein roter Faden entwickelt. Wesentlich war dafür auch, dass im Laufe der Diagnose beschlossen wurde, Action Learning als Bestandteil des Programms zumindest in der Pilotdurchführung zu verwenden. Die verabschiedete Struktur für die Pilotdurchführung des Programms ist in Abbildung 4.15 wiedergegeben.

Bei den Seminarblocks wurde Führen und Verhalten für die Pilotdurchführung an die erste Stelle gesetzt, gefolgt von Kommunikation und Gesprächsführung. Von Block 3 bis 5 lief parallel die Action-Learning-Aufgabe, von daher war es sinnvoll mit Projektmanagement diesen Teil des Programms zu starten, zum Auftakt der heißen Projektphase Konfliktmanagement als Rahmenthema anzubieten und Auswertung und Ergebnissicherung mit Zeit- und Selbstmanagement zu kombinieren.

Der Block Präsentation und Moderation schließlich wurde mit dem Abschlusstag kombiniert, an dem die Teilnehmer die Ergebnisse ihrer Action-Learning-Aufgaben der Unternehmensleitung vorstellen würden und damit eine anspruchsvolle Übungssituation für Präsentation und Moderation live gestalten sollten.

Abfolge der Seminarblocks nach Themenschwerpunkten	Tage
Block 1 Führen und Verhalten	3
Block 2 Kommunikation, Gesprächsführung	3
Block 3 Projektmanagement	2
Block 4 Konfliktmanagement	2
Block 5 Zeit- und Selbstmanagement	2
Block 6 Moderation / Präsentation	2
Summe	14

Abb. 4.15: Programm C Pilotdurchführung – Abfolge der Seminarblocks

In den einzelnen Seminarblocks erarbeiteten sich die Teilnehmer die jeweiligen Themen. Dazu wurden vielfältige Methoden des reflexionsorientierten Verhaltenstrainings verwendet.

In jedem Seminarblock gab es darüber hinaus einen Kaminabend mit Vertretern der Unternehmensleitung oder der Geschäftsführung einer Beteiligung zusammen mit den Verantwortlichen der Personalentwicklung.

Action Learning im FNK-Konzept

Das Action-Learning-Projekt wurde in das Rahmenkonzept integriert, so dass es im Rahmen der geplanten Blocks durchgeführt werden konnte. Dies bedeutete, dass einige Blocks um einen Tag verlängert wurden. Zusätzlich wurden zwei Reflexionstage eingeführt, um den persönlichen Lern- und Auswertecharakter zu unterstreichen und Action-Learning-Projekte in schwierigen Phasen zeitnah coachen zu können. Die Struktur des Action Learning im FNK-Konzept ist in Abbildung 4.16 dargestellt.

Der erste Schritt bestand demnach in der Bildung der Teams und im Start für Diagnose und Exploration. Die Diagnosephase sollte unterstützt werden durch einen Reflexionstag in der Mitte dieser Phase, da die Durchführung einer kritischen Diagnose, in der auch unbequem hinterfragt werden sollte, ein wichtiger Bestandteil von Action Learning war. Gleichzeitig stellte dies große Herausforderungen an Teilnehmer, die das nicht gewohnt waren.

	Inhalt	Tage
Action Learning 1: Team	Bildung der Action Learning-Teams Start für Diagnose und Exploration	1
Reflexionstag	Persönlichkeit, Teamverhalten und Projekt	1
Action Learning 2: Aufgabe	Zielvereinbarung mit dem Mentor Start der Projektaufgabe	1
Reflexionstag	Persönlichkeit, Teamverhalten und Projekt	1
Action Learning 3: Ergebnis	Auswertung Projektergebnis und persönlicher Lernerfolg	1
Summe		5

Abb. 4.16: Programm C – Action Learning und Reflexionstage

Im nächsten Schritt ging es aufgrund der Diagnose um eine Zielvereinbarung zwischen Projektteam und Auftraggeber. Dies bedeutete gleichzeitig den Startschuss für die eigentliche Projektarbeit. Auch in der Mitte dieser Phase wurde ein Reflexionstag angeboten, um auszuwerten, eventuelle Blockaden aufzulösen und das eigene Vorgehen kritisch zu hinterfragen.

Im letzten Schritt wurden die Ergebnisse betrachtet und es wurde geplant, wie diese verstetigt, ausgebaut oder erweitert werden könnten. Gleichzeitig erfolgte die Übergabe der Projekte in die Hand der Auftraggeber. Die Zeit bis zum Abschlussworkshop konnte ggf.

genutzt werden, noch ausstehende Ergebnisse zu sichern und die Arbeit abzurunden.

In einer Gesamtdarstellung von Seminarblocks und Action Learning ergab sich nunmehr die nachfolgend abgebildete Struktur. Das Programm bestand demnach, verteilt über ein gutes Jahr, aus sechs Seminarblocks à drei Tagen und zwei zusätzlichen Reflexionstagen, wie dies in Abbildung 4.17 beispielhaft für die Pilotdurchführung gezeigt wird.

Wie oben bereits dargestellt, war Action Learning sehr strukturiert in das Gesamtkonzept des FNK-Programms eingebunden. Innerhalb dieses Rahmens organisierten die Teilnehmer, bei Bedarf in Absprache mit anderen Partnern wie Auftraggeber oder auch Moderatoren, die für sie notwendigen Meetings.

Set Meetings

Set Meetings fanden innerhalb der Workshops und Reflexionstage statt. Alle Teams organisierten aber eine beträchtliche Anzahl weiterer Set Meetings. Anzahl und Dauer konnten dabei je nach Arbeitsphase variieren, ebenso wie das Vorgehen im Meeting. Im Pilotprogramm hatte ein Team sich für die in einem ein- bis zweiwöchigem Abstand stattfindenden Set Meetings folgende Struktur gegeben: Auswahl Moderator, aktuelle Situation, Diskussion der Sachfragen, Auswertung des Teamprozesses im Meeting.

	Tage
Block 1 Führen und Verhalten	3
Block 2 Kommunikation **Gesprächsführung**	3
Block 3 Projektmanagement **Action Learning 1: Team**	2+1
Reflexionstag	1
Block 4 Konfliktmanagement **Action Learning 2: Aufgabe**	2+1
Reflexionstag	1
Block 5 Zeit- und Selbstmanagement **Action Learning 3: Ergebnis**	2+1
Block 6 Moderation Präsentation **Abschlussworkshop**	2+1

Abb. 4.17: Programm C – Gesamtstruktur

Kommunikationsplattform

Den Teilnehmern stand für das Programm eine Kommunikationsplattform zur Verfügung. Für diese wurde ein Projektportal (Quickplace) genutzt, welches im Unternehmen bereits eingeführt war, um projektbezogen zwischen Beteiligungsgesellschaften und Hauptverwaltung die Kommunikation aufrechtzuerhalten. Die Kommunikationsplattform war nicht Teil des Intranets der Hauptverwaltung. Dies bedeutete, dass auch die externen Moderatoren in die Kommunikation eingebunden waren.

Im Pilotprogramm wurde die Plattform auch von den Moderatoren intensiv genutzt, die darüber Informationen wie Fotoprotokolle und organisatorische Hinweise kommunizierten. In einem ähnlichen Sinne wurde sie von der Personalentwicklung genutzt, die ebenfalls Information bereitstellte. Die Teilnehmer selbst stellten die Vereinbarungen mit den Auftraggebern ihrer Projekte ein, um den anderen Gruppen ein Benchmark zu ermöglichen. Daneben hatte jedes Action-Learning-Team einen geschützten Bereich, um zu kommunizieren und sich auszutauschen.

Distance Learning (Selbstlern-Materialien)

Programm C war seinem Charakter nach in erster Linie ein persönlichkeitsorientiertes Programm und nicht auf Wissensvermittlung angelegt. Daher wurde Distance Learning zum Aufbau spezieller Kenntnisse nicht angeboten. Es gab allerdings gelegentlich Hintergrundartikel und zu jedem Block und Reflexionstag eine komplette Fotodokumentation.

4.3.2.6. Rollen im Action-Learning-Programm

Der Sponsor, der die notwendige Positionsmacht besitzt, um Action Learning den Rücken zu stärken

Das FNK-Programm wurde aufgrund eines Vorstandsbeschlusses aus der Taufe gehoben. Dazu wurde eine Arbeitsgruppe eingesetzt, die aus Mitgliedern der Personalentwicklung, des Managements und einer Beteiligungsgesellschaft mit eigenen Erfahrungen in der Personalentwicklung besetzt war. Diese Arbeitsgruppe aus Fachleuten, Hauptabteilungsleitern und einem Geschäftsführer wurde vom Vorstand Personal geleitet, der später selbst den Vorsitz des Vorstands übernahm.

Dieses Team traf die Entscheidung zugunsten Action Learning, nachdem zuvor das Konzept in der einflussreichen Runde der Hauptabteilungsleiter diskutiert worden war und es dort eine grundsätzliche Akzeptanz erhalten hatte. Action Learning startete somit mit Unterstützung der Unternehmensleitung.

Der Client, der als Kunde an der Implementierung von Ergebnissen unmittelbar interessiert ist

Der Abnehmer der Leistung des Action-Learning-Teams wurde in Unternehmen C als „Auftraggeber“ bezeichnet. Der Begriff wurde vom Unternehmen selbst gewählt und fand sofort Verbreitung. Der Auftraggeber gab Richtung und Rahmen vor, schloss mit dem Team eine detaillierte Projektvereinbarung, stand ggf. mit Ressourcen zur Verfügung und nahm das Ergebnis ab.

In einem ersten Informationsschreiben an die Auftraggeber der gewählten Projekte hieß es (Hauser, 2003):

Der Auftraggeber ist für das Projektteam besonders wichtig. Einige mögliche Aspekte zur Gestaltung der Rolle sind:

- Er möchte als „Kunde“ ein Leistungsergebnis erhalten
- Als „Entscheidungsträger“ gesteht er dem Team einen sinnvollen Handlungsspielraum zu und ermöglicht es damit dem Team, innerhalb dieses Rahmens selbst Verantwortung zu übernehmen und zu lernen
- Als „Informationsquelle“ teilt er seine Einschätzungen mit und öffnet Türen zu weiteren Gesprächspartnern
- Als „Ressource“ unterstützt er dort, wo der Einfluss und die Möglichkeiten des Teams begrenzt sind
- Als „Feedbackgeber“ gibt er seine Rückmeldung nicht nur zum Ergebnis, sondern auch zum Vorgehen und Auftreten des Projektteams

Im Pilotprogramm hatten alle Auftraggeber hohe, wenn auch durchaus verschiedene Führungspositionen inne. Ein Team hatte als Auftraggeber ein Mitglied des Vorstands, ein anderes Team hatte als Auftraggeber einen Hauptabteilungsleiter. Für das dritte Team schließlich fungierte als Auftraggeber der Geschäftsführer einer Beteiligung. Gemeinsam war allen Auftraggebern das Interesse an der Umsetzung der jeweiligen Action-Learning-Aufgabe.

Das Set, die Gruppe von ca. 6 Teilnehmern, die die Action-Learning-Aufgabe bearbeiten

Die Sets wurden im FNK-Projekt als Action-Learning-Teams bezeichnet und aus den Teilnehmern eines Programms gebildet. Die Bildung der Sets erfolgte in Block 3 und bleibt konstant bis zum Ende des Programms. Die Teilnehmer hatten prinzipiell die freie Wahl, zu welchen Themen und in welcher Zusammensetzung sie ein Action-Learning-Team bilden wollten.

Im Pilotprogramm entstanden drei Sets, davon hatten zwei jeweils fünf Teilnehmer und eines vier Teilnehmer.

Der einzelne Teilnehmer, der unterschiedliche Bezüge zum Projekt haben kann, je nachdem ob es z.B. den eigenen Job bzw. die eigene Organisation betrifft oder nicht

Die Teilnehmer kamen aus der Hauptverwaltung und einem Eigenbetrieb, in Zukunft sollen sie aber auch aus den Beteiligungen kommen. Die Teilnehmer galten als Führungsnachwuchskräfte (daher auch der Name FNK), vereinzelt hatten sie schon eine Führungsfunktion inne oder übernahmen sie während der Laufzeit des Programms.

Der Tutor, der von außen oder aus der Organisation Fachbeiträge einbringt

Die Tutorenfunktion wurde im FNK-Programm in einem bestimmten Umfang von den Beratern wahrgenommen, wenn sie beispielsweise in Bezug auf Projektmanagement qualifizierten und Unterlagen zur Durchführung etwa einer Umfeldanalyse zur Verfügung stellten. Darüber hinaus zogen die Projekte Fachleute hinzu, die ihnen das für ihr Projekt benötigte Fachwissen als Experten vermittelten, z.B. zum Thema Durchführung von Großgruppenveranstaltungen oder zum Thema Netzwerkbildung.

Der Set Adviser, Coach oder Facilitator, der das Lernen fördert, die Gruppendynamik adressiert und den Projektfortschritt begleitet

Diese Aufgabe wurde im FNK-Programm von den Beratern oder Moderatoren wahrgenommen, die auch durch das gesamte Programm führten. Im Pilotprogramm standen hierfür durchgehend zwei

Moderatoren zur Verfügung, welche an allen Workshoptagen anwesend waren.

Weitere Rollen

Personalentwicklung

Die Personalentwicklung war Owner des Programms und hatte darüber hinaus eine wichtige Scharnierfunktion zwischen Teilnehmern und Beratern einerseits und zur Hierarchie des Unternehmens andererseits. Sie holte das Feedback der Teilnehmer zu den einzelnen Blocks ein und unterstützte die Berater in Bezug auf Organisation und firmenspezifische Information.

Im Pilotprogramm bestand darüber hinaus eine wichtige Funktion der Personalentwicklung darin, Gesprächspartner für die konzeptionellen Ideen der Berater zu sein. Die Berater erhielten durch diese erste Realitätsprüfung viele nützliche Hinweise für die Feinplanung.

Die Vorgesetzten der Teilnehmer

Diese wurden im Programm nicht explizit berücksichtigt. Ihnen kam aber insoweit eine wichtige Aufgabe zu, als sie den Teilnehmern angesichts nicht unerheblicher zeitlicher Belastungen den Rücken freihalten konnten. Außerdem nahmen die Vorgesetzten eine Einschätzung des Nutzens der Veranstaltung und der Lernfortschritte ihres Mitarbeiters vor.

4.3.3. Lernen und Reflexion

a. Tacit School – Lernen als impliziter Akt

Dieses Lernmodell entsprach nicht dem Vorgehen in Programm C, da dort gerade auf Auswertung großer Wert gelegt wurde. Gleichwohl ist davon auszugehen, dass Lernen als impliziter Akt immer auch begleitend stattfand. Anders ausgedrückt, es fand auch Lernen statt, welches in den Auswerteschleifen nicht erreicht oder vertieft wurde.

Während die Tacit School jedoch davon ausgeht, dass dieses implizite Lernen ausreicht, wurde im FNK-Programm die konträre Auffassung vertreten, dass es sinnvoll und nützlich ist, vertiefende Auswertungen und Reflexion vorzunehmen.

Kein Lerncoach

In Programm C gab es eine individuelle Lernbegleitung.

Projektlernen erfolgt implizit und wird nicht ausgewertet

Auswertungen während der Seminarblocks und an Reflexionstagen hatten einen hohen Stellenwert im Programm.

b. Scientific School – Lernen als rationale Soll-Ist-Abweichung

Lernen im Sinne der Scientific School wurde im FNK-Programm unterstützt, im Sinne eines Hintergrundmodells. Dies betraf insbesondere Revans' Ansatz des explorativen „Questioning" und Hinzuziehens von Theoriewissen als „Programmed Learning". Eine systematische Abweichungsanalyse eingetretener vs. erwarteter Ergebnisse wurde hingegen nicht vorgenommen.

Exploratives Lernen (Questioning einer neuartigen Situation)

Exploratives Lernen fand im FNK-Programm gezielt statt. Die Teilnehmer wurden aufgefordert, in ihren Action-Learning-Projekten neue Wege zu gehen und aus kritischen Fragen zu lernen. Im Pilotprogramm haben alle drei Projekte diesen Weg eingeschlagen.

Theoriewissen (Programmed Learning) nach den Erfordernissen der Exploration

Die Teilnehmer wurden gezielt ermuntert und aufgefordert, Programmed Learning nach den Erfordernissen der Exploration hinzuzuziehen. Sie hatten an mehreren Stellen in ihren Projekten Theoriewissen aufgenommen, indem sie etwa gezieltes Literaturstudium zu bestimmten Fragen durchführten oder, wie schon erwähnt, Tutoren hinzuzogen. Wichtig erschien dabei, dass im FNK-Programm zwar gewisse Grundlagen von vorneherein angeboten wurden, es darüber hinaus aber eine hohe Verantwortung der Teilnehmer gab, spezifisches projektbezogenes Fachwissen einzufordern und sich anzueignen.

Lernen als Abweichung tatsächlicher von erwarteten Ergebnissen

Wie schon erwähnt, fand keine systematische Analyse statt, inwiefern sich erwartete von dann eingetretenen Ergebnissen unterschieden. Allerdings wurde in den Projekten eine Risikoanalyse vorgenommen und fortgeschrieben, so dass auf Projektebene nachvollzogen werden konnte, welche Risiken ggf. erwartet und nicht oder nicht so eingetreten sind und welche Risiken aufgetreten sind, mit denen nicht gerechnet wurde.

In der praktischen Arbeit berichteten die Teilnehmer immer wieder von Überraschungen, die als solche Abweichungen interpretiert werden können. So hatte beispielsweise ein Team erwartet, dass die Vorstellungen eines Auftraggebers nicht verhandelbar seien. Tatsächlich machte das Team dann die Erfahrung, dass er für Gestaltungsvorschläge durchaus offen war.

c. Experiential School – Lernen als systematisch geplante und unterstützte Aktion

Action Learning nach der Experiential School fokussiert insbesondere auf systematische Planung und Unterstützung des Lernens durch hilfreiche Tools. Im FNK-Programm als einem Management-Development–Programm spielte systematische Planung selbstverständlich eine Rolle. Dennoch wurde Lernen in der Praxis eher als kontinuierlich verlaufender Prozess mit einer Vielzahl von Auswerte- und Lernschleifen verstanden. Das Phasenschema entsprach insofern einem idealtypischen Ablauf, während die Realität im FNK-Programm durch eine Vielzahl von Überlappungen gekennzeichnet war und auch ungeplante Lernereignisse Raum hatten.

Viele Tools und Anregungen dieser Schule zur Unterstützung des Lernprozesses wurden im FNK-Programm eingesetzt.

Systematische Lernphasen

Im FNK-Programm konnte unterschieden werden zwischen Lernen im Sinne von Persönlichkeitsentwicklung und Lernen im Sinne von Problemlösen wie es auch der Wippe von Marquardt (1999) entsprach. Es gab Lernphasen im Action-Learning-Projekt wie in den einzelnen Seminarblocks, flankiert durch eine Vielzahl von Maßnahmen und Tools. Diese waren so angelegt, dass es stets eine Offenheit für das ungeplante und situative Geschehen gab.

Lernplanung

Eine Lernplanung fand an verschiedenen Stellen statt. Schon im ersten Block starteten die Teilnehmer damit, eine Lernplanung vorzunehmen, die dann Block für Block fortgeschrieben wurde. Daneben gab es die Planung zur Durchführung des Action-Learning-Projekts. Diese erfolgte ab Beginn des Projekts. Die Umfeldanalyse fing mit einer Planung dessen an, was das Team über die Situation im Projektumfeld lernen wollte. Zur Planung erhielt das Team eine Checkliste, an der es sich orientieren konnte, aber nicht ausschließlich musste. Vor Beginn der Umsetzungsphase erfolgte eine Zielvereinbarung zwischen Team und Auftraggeber, die einen Absatz darüber enthielt, was die Teilnehmer in diesem Projekt lernen wollten.

Umsetzung

Die Umsetzung der Lernvorhaben erfolgte allgemein zwischen den Blocks in der Back-Home Situation, im Action-Learning-Projekt im Besonderen in der Analysephase zwischen Block 3 und 4 und dann in der Umsetzung zwischen Block 4 und Block 5.

Review der Lernergebnisse

Bei jeder Zusammenkunft der FNK-Teilnehmer (den 6 Blocks und den 2 Reflexionstagen) erfolgte ein Review der Erfahrungen und Lernergebnisse. Während des Action-Learning-Projekts war dieses Review besonders ausführlich und erhielt eine Struktur, die sowohl Sachergebnisse als auch Prozesse und persönliche Erfahrungen beleuchtete.

Schlussfolgerungen

Schlussfolgerungen aus dem Gelernten und den Ergebnissen zogen die Teilnehmer in unterschiedlichen Settings: Zunächst wurde, bezogen auf das Projektergebnis und den Projektverlauf, eine Auswertung zwischen Auftraggeber und Team vorgenommen. Darüber hinaus gab es mehrere Präsentationen vor der Unternehmensleitung bzw. den Hauptabteilungsleitern, in denen Schlussfolgerungen bezüglich des Projekts und der geleisteten Arbeit gezogen wurden.

In einer moderierten Teamauswertung (und ggf. weiteren vom Team in Eigenregie veranstalteten Runden) wurden Schlussfolgerungen aus der Zusammenarbeit im Team gezogen und der einzelne erhielt Feedback zu seinem Erfolgsbeitrag und Verhalten.

Schließlich wurde in Einzelcoachings im Anschluss an das Projekt von jedem Teilnehmer herausgearbeitet, was die Erfahrungen für ihn bedeuteten und wie er sie in der Zukunft nutzen und umsetzen möchte, bzw. welche weiteren Schritte für ihn/sie jetzt sinnvoll wären. Insgesamt wurde kontinuierlich eine Vielzahl von Auswertungen vorgenommen.

Unterstützung im Lernprozess

Der Lernprozess wurde im FNK-Programm fortlaufend thematisiert und unterstützt (u.a. moderierte Teamauswertungen und Einzelcoachings). Der Transfergedanke spielte hierbei eine große Rolle.

Learn how to learn

Die Teilnehmer erhielten mehrere Lerninputs über Erwachsenenlernen und die Philosophie von Action Learning. Sie bekamen darüber hinaus einen Input über die Logik von Verhaltensmodifikation. Ergänzt wurde dies durch Handouts und Formulare zur Strukturierung ihres Lernbedarfs.

Persönlicher Entwicklungsplan

Jeder Teilnehmer wurde aufgefordert, schon zu Beginn einen Entwicklungsplan für sich aufzustellen und diesen fortzuschreiben. Die Entwicklungspläne wurden in Gruppen diskutiert. Feedback der Gruppe und der Berater konnten zur Vertiefung und Modifikation des Entwicklungsplans genutzt werden.

Lernvereinbarung

Eine explizite Lernvereinbarung wurde nicht vorgenommen. Der Teilnehmer verpflichtete sich aber selbst auf die in seinem Entwicklungsplan festgelegten Punkte und konnte diese auch in eigener Verantwortung fortschreiben. Es wurde angeregt, in den Teams über die Lernbedarfe der einzelnen zu sprechen und Vereinbarungen hinsichtlich der Unterstützung abzuschließen. Die Teilnehmer wurden außerdem aufgefordert, mit ihrer eigenen Führungskraft eine Lernvereinbarung zu schließen. Dies wurde von den Teilnehmern und ihren Führungskräften unterschiedlich intensiv gehandhabt.

Lerntagebuch

Ein Lerntagebuch wurde prinzipiell an jedem Seminartag geführt. Dies sollte eine Unterstützung für schnellen Transfer darstellen. Es wurde angeregt, bei Bedarf dieses Lerntagebuch zu nutzen. Zusätzlich wurden den Teilnehmern in jedem Block an den ersten beiden Tagen am Abend (vor dem Abendessen) Leitfragen und ein zehnminütiges Zeitbudget zur individuellen Auswertung zur Verfügung gestellt.

Lernen aus der Arbeit der anderen Teammitglieder

Die einzelnen Mitglieder der Action-Learning-Teams lernten voneinander, wenn Auswertungen vorgenommen wurden. In unterschiedlicher Weise hatten im Pilotprogramm die Gruppen in Eigensteuerung zusätzliche Auswertungen durchgeführt. Daneben erfolgte zweifellos immer auch ein unausgesprochenes Lernen am Modell, bzw. Kalibrieren der Teilnehmer aneinander, wodurch bestimmte Teammuster entstanden. Während der Laufzeit des Projekts wurden die Teilnehmer im Plenum auch darin unterstützt, Vergleiche zwischen ihrem Teamprozess und den anderen Teams zu ziehen.

Gruppendynamik auswerten

Aufkommende Gruppendynamik wurde im FNK-Programm als eine wichtige Gelegenheit des Lernens verstanden und daher gezielt ausgewertet, um den Blick der Teilnehmer für soziale Phänomene und Interaktionen zu schärfen.

Diskussion des Lernprozesses und der Lernergebnisse

Es fanden regelmäßig qualitative Auswertungen der Lernprozesse und -ergebnisse statt. Diese wurden einerseits im Seminar gemeinsam von Teilnehmern und Trainern durchgeführt, aber auch anschließend an ein Seminar oder einen Reflexionstag von der Personalentwicklung.

Projektreview

Ein Projektreview wurde in den Seminarblocks und am Ende des Projekts durchgeführt.

Einzelcoaching

Ein besonders intensives Mittel zur Unterstützung des Lernens im FNK-Programm war Einzelcoaching für alle Teilnehmer über mehrere Blocks hinweg. Inhalt des Einzelcoachings war die gemeinsame Analyse von Stärken und Schwächen, Auswertung und ggf.

Integration wichtiger Erfahrungen, persönliche Entwicklungsmöglichkeiten und weitere Lernbedarfe.

In der Pilotdurchführung wurde das Einzelcoaching im Anschluss an das Action-Learning-Projekt angeboten und zweimal (in Block 5 u. 6) durchgeführt. Die Resonanz der Teilnehmer auf dieses Entwicklungsangebot war so stark, dass Coaching in der nächsten Durchführung des FNK-Programms schon ab dem ersten Block angeboten werden soll.

d. Critical Reflection School - Lernen als Hinterfragen handlungssteuernder Annahmen

Action Learning nach der Critical Reflection School war der Hauptansatz, nach dem im FNK-Programm vorgegangen wurde. Dies betraf alle drei hier genannten Ansatzpunkte der Reflexion – Persönlichkeit des Problemlösers, Problemverständnis des Problemlösers und Umfeld im Unternehmen –, eventuell noch ergänzt um den Ansatzpunkt Wechselwirkungen und Gruppendynamik im Team, der aber schon bei der vorgenannten Schule abgehandelt wurde.

Reflexion der Persönlichkeit des Problemlösers

Im FNK-Programm wurde die eigene Persönlichkeit des Teilnehmers auf vielfältige Weise reflektiert. Es gab häufige und intensive Feedbackprozesse, es gab Auswertungen der persönlichen Erfahrungen, Erfolgserlebnisse und Frustrationen im Action-Learning-Team. Wenn ein Team in eine Blockade geriet, unterstützten die Berater das Team dabei, neben der Teamdynamik die persönlichen Anteile der einzelnen Teammitglieder zu reflektieren.

Handlungssteuernde Annahmen und Verhaltensmuster

Handlungssteuernde Annahmen zu entdecken und zu hinterfragen war ein Vorgang, der im FNK-Programm genutzt wurde, um Blockaden aufzulösen und neue Erfahrungen zu ermöglichen.

Ein Beispiel aus dem Pilotprogramm: Für die Action-Learning-Projekte wurde zunächst ein Diagnoseschritt in Form einer Umfeldanalyse von den Teilnehmern erwartet. In einem Projekt erklärten die Teilnehmer am ersten Reflexionstag, es sei in ihrem Projekt nicht möglich, eine Diagnose durchzuführen, da der Auftraggeber dies nicht akzeptieren würde. Bei der Aufarbeitung stellte sich heraus, dass dies eine Annahme der Teilnehmer war, die sich auf Erfahrungen aus früheren Projekten bezog, die unter anderen Vorzeichen und nicht als Action-Learning-Projekte durchgeführt worden waren. Allerdings war in diesen Situationen auch nie der Versuch unternommen worden, eine Diagnose vorzuschlagen.

Aufgrund der Reflexion erklärten sich die Teilnehmer bereit, ihre Annahme zu überprüfen, dem Auftraggeber den Diagnoseschritt argumentativ zu erläutern und in Verhandlungen einzutreten. Tatsächlich stellte sich heraus, dass er durchaus bereit war, der Durchführung einer Projektumfeldanalyse als diagnostischem Schritt zuzustimmen.

Die Überprüfung der Annahmen führte dazu, eine verinnerlichte und damit letztlich selbst konstruierte Begrenzung des eigenen Handlungsspielraums zu überwinden.

Wie verändere ich mich?

Das Thema „Wie verändere ich mich?“ konnte einerseits den Bereich Lernhilfen betreffen, der weiter oben schon angesprochen wurde. Solche Lernhilfen wurden im FNK-Programm natürlich gegeben. Hier betraf „Wie verändere ich mich?“ aber vor allem einen ganz anderen Aspekt, nämlich die Beobachtung und Reflexion des eigenen Verhaltens und dessen Entwicklung über die Laufzeit des Programms als einen Veränderungsprozess. Dieses wurde in Programm C immer wieder und gerade auch am Schluss betrachtet. Im Pilotprogramm wurde von Teilnehmern beispielsweise festgestellt, dass sie sicherer im Umgang geworden seien, dass sie kritisches Feedback besser aushielten und Konflikte leichter durchstehen könnten.

Reflexion des Problemverständnisses des Problemlösers

Die Reflexion des Problemverständnisses wurde im FNK-Programm als wichtige Voraussetzung für Lernen und Entwickeln kreativer Lösungen verstanden. Hinterfragt wurden dazu die Hypothesen, die sich das Team in Bezug auf das Problem und Möglichkeiten seiner Lösung bildete. Eine solche Reflexion fand vorwiegend in moderierten Teamsitzungen statt. Zusätzlich wurde der Austausch aller Action-Learning-Teams im Plenum zur Überprüfung und Reflexion der eigenen Hypothesen genutzt.

Erweitern der eigenen Perspektive

In der skizzierten Vorgehensweise bedeutete die Erweiterung der Perspektive die Ergänzung, Modifizierung oder auch radikalen Veränderung der vorherrschenden Problem- und Lösungshypothesen. Dies konnte für den einzelnen schon dadurch geschehen, dass unterschiedliche Auffassungen im Team intensiv diskutiert wurden. In diesem Prozess bildeten sich nach und nach auf Teamebene von allen Teilnehmern gemeinsam getragene Auffassungen, die ihrerseits ebenfalls vielen Beschränkungen unterliegen konnten. Zur Überprüfung und Erweiterung dieser Auffassungen oder Hypothesen wurde ein Prozess verwendet, der sich an Tom Andersens (1996) Methode des Reflecting Team orientierte.

Ein Action-Learning-Team hatte im Pilotprogramm beispielsweise, wie weiter oben schon erwähnt, den Auftrag, bestimmte Tagungen interaktiver zu gestalten. Die Lösungsidee der Verantwortlichen bestand zunächst darin, statt jeweils einer Veranstaltung für alle mehrere kleine und damit persönlichere Veranstaltungen parallel durchzuführen. Das Team stellte sich schon zu Beginn auf diese Lösungsidee ein. In einer Reflexionssitzung wurde jedoch angeregt, auch andere Alternativen zu prüfen. Daraus entstand die Arbeit mit interaktiven Großgruppenansätzen. Interessant war, dass die Gruppe zunächst kaum realisierte, wie weit sie die Lösungsdefinition des Auftraggebers quasi implizit übernommen und als gegeben vorausgesetzt hatte. Erst die Reflexion im Team führte dazu den impliziten Lösungsweg auf den Prüfstand zu stellen, um dann die Perspektive zu erweitern und nach Alternativen suchen zu können.

Problemsicht aus unterschiedlichen Perspektiven

Die Konfrontation mit unterschiedlichen Perspektiven konnte helfen, den Lösungsweg abzustecken, Widerstände aufzuspüren und auch kreative Wege zu gehen. In der Pilotveranstaltung konfrontierten sich die Action-Learning-Teams gezielt mit unterschiedlichen Perspektiven (z.B. Perspektive der Hauptverwaltung und Perspektive einer Beteiligung). Wesentlich war, dass unterschiedliche Perspektiven genutzt wurden, die eigene Sicht zu schärfen und gezielte Interventionen zu entwickeln.

Wahrnehmungsfehler aufdecken

Gerade der Einbezug von Mitarbeitern vor Ort konfrontierte ein Team mit seinen eigenen Wahrnehmungen. Die Zusammenstellung wurde von der Beteiligung vorgenommen. Das Team hatte zunächst die Wahrnehmung, dass zumindest ein Teil der Mitarbeiter dem Action-Learning-Projekt skeptisch bis ablehnend gegenüberstehe. In einer Reflexionsrunde bearbeitete das Team seine Wahrnehmungen. Es wurde deutlich, dass diese Wahrnehmungen bereits begonnen hatten, den Charakter handlungssteuernder Annahmen zu erhalten und so bestand vom Team her die Gefahr, diesen Mitarbeitern von Anfang an mit Ablehnung und Skepsis zu begegnen. Dies wiederum führte beim Action-Learning-Team selbst zu dem Gefühl, einer weiteren Barriere hilflos ausgeliefert zu sein.

Die bewusste Auseinandersetzung mit diesen Mechanismen in der Reflexion führte dazu, dass das Team sich schrittweise von seinen impliziten Annahmen und Festlegungen befreite und dadurch seine Handlungsfähigkeit wiederherstellte.

Zu den Maßnahmen gehörte, dass das Team sich darauf verständigte, seine Wahrnehmungen sorgfältig zu überprüfen. Dies sollte durch Gespräche mit jedem einzelnen aus der Gruppe der Mitarbeiter erfolgen. Tatsächlich stellte sich schon bei den Überprüfungsgesprächen eine positive Tendenz heraus und die Mitglieder der Umsetzungsgruppe waren bereit für den Erfolg des Projektes ein hohes Maß an Verantwortung zu übernehmen.

Die Bearbeitung solcher Wahrnehmungsfehler war für den Erfolg der Projekte kritisch. Wesentlich war dabei, in der Reflexion die oft stillschweigende Annahme zu bearbeiten, dass Wahrnehmungen und erste Eindrücke quasi automatisch zutreffend seien. Dies ist umso wichtiger als solche Wahrnehmungen oft handlungssteuernden Charakter erhalten.

(Verdeckte) Erwartungen

Die Erwartungen speziell der Auftraggeber aber auch anderer Interessenten und Beteiligten spielten für die Ausrichtung der Action-Learning-Projekte naturgemäß eine große Rolle. In der Projektvereinbarung sollten diese daher soweit wie möglich explizit gemacht werden.

Immer wieder kam es aber auch zu Vermutungen über nicht explizit geäußerte Erwartungen eines Auftraggebers. Diese Vermutungen konnten im Team auch widersprüchlich sein und führten dann zu Blockaden oder bargen die Gefahr, das Team in die falsche Richtung zu führen.

In der Reflexion wurde daher das Team aufgefordert, Vermutungen über mögliche Erwartungen des Auftraggebers auch wirklich als Hypothesen zu behandeln, statt sie schon als bestätigt anzunehmen, und eine Klärung mit dem Auftraggeber herbeizuführen.

Um Maßstäbe für den Projekterfolg zu haben, war es von Bedeutung, die Erwartungen relevanter Interessenten zu kennen. Dies galt gerade auch bei widersprüchlichen Erwartungen an ein Projekt. Der Nutzen für den Träger von Erwartungen lag darin, selbst Klarstellungen vornehmen zu können und andererseits zu erfahren, welche Konsequenzen für das Projekt bestimmte Erwartungen haben würden, bzw. welche Erwartungen überhaupt erfüllbar waren und welche nicht. Der Nutzen einer solchen Klärung für das Team bestand darin, dass die eigenen Vermutungen mit tatsächlichen Äußerungen des Erwartungsträgers abgeglichen werden konnten.

Darüber hinaus gab es auch unterschiedliche Erwartungen verschiedener Teilnehmer in den Teams selbst. Im FNK-Projekt wurden die Teilnehmer ermuntert von Beginn an ihre Erwartungen im Team offen zu legen. Manchmal wurde den Teilnehmern aber erst bei der Bearbeitung von Meinungsverschiedenheiten oder Konflikten im Team deutlich, dass es auch bis dahin noch nicht thematisierte Erwartungen gab.

Der Weg im Umgang mit verdeckten Erwartungen, der in diesem Programm angeregt wurde, war die Formulierung in Hypothesenform und Überprüfung im offenen Gespräch.

Reflexion des Umfelds im Unternehmen

Die Reflexion des Umfelds im Unternehmen half dem Teilnehmer zu verstehen, nach welchen oft unausgesprochenen Spielregeln im Unternehmen gehandelt wurde. Da diese Spielregeln häufig nur indirekt erschlossen werden konnten, ging es auch hier darum, eigene Annahmen über das Umfeld explizit zu machen und zu erkennen, inwieweit sich das eigene Handeln an diesen Annahmen ausgerichtet hat. Im Pilotprogramm wurde auch betrachtet, ob sich die Annahmen der Teilnehmer über das Umfeld unterschieden. Schließlich konnte überprüft werden, ob alternative Annahmen zu unterschiedlichen Verhaltensweisen führen würden. In der Umsetzung schließlich lohnte es sich auszuwerten, wie das Unternehmen auf verändertes Verhalten vermutlich reagieren würde.

Normen der Organisation

Im Unternehmen vorherrschende Normen wurden im Verlauf des Pilotprogramms an zahlreichen Stellen thematisiert und reflektiert. Sie tauchten schon in der dem Programm vorangestellten Diagnose ausgiebig auf, wenn beispielsweise Sozialkompetenz und Kommunikationsfähigkeit nach allen Seiten im Netzwerk und mit seinen Partnern angesprochen wurden.

In mehreren Fällen wurde von den Teilnehmern der Action-Learning-Teams in der Reflexion das Verhalten berichtet, Entscheidungen eines Auftraggebers hinzunehmen und auch bei Vorbehalten eher nicht kritisch zu hinterfragen. Durch die Aufarbeitung dieses Verhaltens wurden Normen hinsichtlich eines produktiven Umgangs mit Autorität und Hierarchie besprechbar.

Andere Normen betrafen etwa das (schriftliche) Informationsverhalten, welches sich tendenziell am Leitbild der wohlgeordneten Organisation orientierte, Zugehörigkeit, Konfliktverhalten nach innen und außen sowie Entwicklungsmöglichkeiten für junge Mitarbeiter.

Widersprüche zwischen Werten/Normen der Organisation und des Problemlösers

Die Normen des Unternehmens trafen im Action Learning auf die Normen des Problemlösers und bargen auch Konfliktpotenziale. Um rasch ein Ergebnis zu erzielen und die dazu benötigten Ressourcen zu erhalten führte beispielsweise in einem Projekt ein Team eine Entscheidung in der Hierarchie herbei.

Von betroffenen Kollegen wurde dies jedoch als Bruch ungeschriebener Verhaltensnormen interpretiert. Nach diesen wäre es notwendig gewesen, einen kollegialen Abstimmungsprozess in Gang zu setzen und in Frage kommende Kollegen und ihre Vorgesetzten um Unterstützung zu bitten, anstatt dies einfach anordnen zu lassen.

Von Seiten des Action-Learning-Teams führte diese Reaktion nicht nur zu einer Entschuldigung bei einigen Betroffenen, sondern auch zur Reflexion, inwiefern einerseits die Normen der Organisation Schnelligkeit behindern, dass andererseits aber auch Verhalten nach eigenen Normen beträchtlichen Widerstand produzieren kann.

Die durch die Reflexion der unterschiedlichen Normen von Unternehmen und Teilnehmern in Gang gesetzten Lernschleifen zielten im Pilotprogramm insgesamt darauf ab, eigene und fremde Wirkungen und Widersprüche besser einschätzen zu können sowie das persönliche Handlungs-Repertoire zu erweitern.

4.3.4. Einschätzung von Programm C

Die Konstruktions- und Durchführungslogik von Action-Learning-Programm C orientierte sich in erster Linie an der Critical Reflection School des Action Learning, also Lernen als Hinterfragen handlungssteuernder Annahmen. Dazu kamen deutliche Elemente der Experiential School und der Scientific School. In Tabelle 4.4 wird die Einschätzung dieses Programms hinsichtlich des Kompetenzaufbaus für die Teilnehmer und des unmittelbaren Nutzens für das Unternehmen wiedergegeben.

Kompetenzen für Führungskräfte

Lösungskompetenz

Action Learning in diesem Programm war auf das Erzielen von Lösungen ausgerichtet. Die Teilnehmer erhielten dazu methodische Unterstützung, sowohl was die Auswahl der Themen angeht als auch in Bezug auf eine lösungsorientierte Diagnose und anschließende Zielvereinbarung mit dem Auftraggeber (Client). Darüber hinaus wurde in Einzel- und Teamberatungen der Aspekt Lösungskompetenz thematisiert.

Umsetzungskompetenz

Umsetzung war ebenfalls eine klare Anforderung in Programm C. Als Ergebnis eines Action-Learning-Projekts wurde nur der erfolgreiche Praxistest anerkannt. Die Teilnehmer hatten dadurch an vielen Stellen die Möglichkeit, sich im Umgang mit Widerständen zu üben und Barrieren aus dem Weg zu räumen. Der Erwerb von Umsetzungskompetenz betraf sowohl das Erzielen von Ergebnissen im Unternehmen als auch die dazu notwendige Bearbeitung eventuell vorhandener innerer Barrieren.

Tab. 4.4: Nutzeneinschätzung Programm C

Programm **Kompetenzen**	**C**
Lösungskompetenz (F)	+++
Umsetzungskompetenz (A)	+++
Sozialkompetenz (S)	+++
Teamkompetenz (S)	+++
Netzwerkkompetenz (S)	+++
Innovationskompetenz (F)	++
Reflexionskompetenz (P)	+++
Unternehmens- und Geschäftskompetenz	+++
Unmittelbarer Nutzen für das Unternehmen	++ - +++

Sozialkompetenz

Der Aufbau von Sozialkompetenz war über die gesamte Laufzeit ein wichtiges Element. Im Action Learning gab es eine Vielzahl von Situationen, in denen Bedürfnisse über Hierarchieebenen hinweg geklärt und ausgehandelt werden mussten. Auch das begleitende

Verhaltens- und Kommunikationstraining war auf den Aufbau von Sozialkompetenz ausgerichtet.

Teamkompetenz

Das Team war auch in diesem Programm ein zentraler Bezugspunkt der Teilnehmer, in dem Leistung erbracht, Rollen definiert wurden und ein gruppenspezifischer Stil entstand. Die Gruppen erhielten methodische Unterstützung zum Thema Team-Assessment und Teamentwicklung und konnten das Teamgeschehen regelmäßig mit Moderation auswerten. Alle Teams gaben sich Spielregeln, zu denen auch z.B. gehörte, nach Teamsitzungen den Teamprozess zu diskutieren.

Erwähnenswert ist in diesem Zusammenhang auch die Gesamtgruppe, die ein Forum wurde, in dem Teamkonkurrenz, aber auch wechselseitige Unterstützung thematisiert und praktiziert wurde. Durch die hohe Offenheit und Kohäsion in der Gesamtgruppe ergaben sich hier weitere Möglichkeiten, ein Team in seinen unterschiedlichen Aspekten konstruktiv zu erfahren und Teamkompetenz aufzubauen.

Netzwerkkompetenz

Die Teilnehmer der hier betrachteten Pilotdurchführung kamen bis auf einen alle aus der Hauptverwaltung des Unternehmens, allerdings aus verschiedenen Hauptabteilungen. Insofern gab es von vorneherein schon ein dichtes Beziehungsgeflecht. Praktisch jeder Teilnehmer hatte aber auch vielfältige Kontakte in die zahlreichen Beteiligungen und war auf aktives Networking angewiesen. So spielte der Aufbau von Netzwerkkompetenz eine große Rolle und gleich zwei Action-Learning-Projekte waren auf unterschiedliche Weise damit befasst. Die Teilnehmer erhielten hierzu methodische Hinweise und unternahmen beispielsweise aktive Schritte, um ein Netzwerk in Gang zu setzen.

Schließlich definierten sie auch sich selbst als Netzwerk der Programmteilnehmer und beschlossen dieses weiterzuführen.

Innovationskompetenz

Im Rahmen der Action-Learning-Projekte erhielten die Teilnehmer methodische Hinweise, um vorherrschende Denkweisen, die Teil eines Problems sein können, zu hinterfragen und um einen gesetzten Rahmen mental verlassen zu können.

In Auswerterunden wurde intensiv thematisiert, welche Strategien die Teilnehmer verwendet hatten, ob sie sich zum Beispiel angepasst, kritisch innerhalb eines gesetzten Rahmens hinterfragt oder auch den Rahmen selbst beleuchtet hatten. In der Entwicklung neuer Lösungen wurden schließlich der kreative Aspekt und die Schaffung von Optionen zumindest ansatzweise thematisiert.

Reflexionskompetenz

In der bisherigen Darstellung der Kompetenzen wurde immer wieder auf Auswertungen, Supervision etc. Bezug genommen. Tatsächlich spielten diese Aktivitäten im Programm eine bedeutende Rolle bis dahin, dass es während der Action-Learning-Programme zwei ganze Tage gab, an denen die Teams gesondert zusammen kamen, um eine moderierte Prozessreflexion vorzunehmen.

Die Teilnehmer konnten Erfahrungen mit Reflexionen in der Gesamtgruppe, den Action-Learning-Teams und individuellen Coachinggesprächen machen. Begleitet wurde dies von vielfältigen Feedbackprozessen. Die Reflexionen waren persönlichkeitsorientiert und auf die weitere Entwicklung des einzelnen Individuums bezogen. Als weitere Ansatzpunkte wurden beispielsweise Team, Gesamtgruppe, Projektumgebung und Unternehmen in den Reflexionen thematisiert.

Unternehmens- und Geschäftskompetenz

In allen Projekten des Programms machten die Teilnehmer Erfahrungen über das eigene Unternehmen und was passiert, wenn man dort etwas in Gang setzt. Die Teilnehmer hatten Gelegenheit, persönliche Interpretationen und Vermutungen zu überprüfen und ggf. zu korrigieren. Alle Teilnehmer konnten damit ihre Sicht des Unternehmens und der manchmal komplexen Wechselwirkungen besser verstehen und so eine entsprechende Kompetenz auf- bzw. ausbauen.

Ergänzend ist zu sagen, dass sich - wie schon an mehreren Stellen angesprochen wurde - die Zusammensetzung der Pilotdurchführung von späteren Durchführungen insofern unterschieden hat, da es ausschließlich Teilnehmer aus der Hauptverwaltung und einem Eigenbetrieb gab, während in späteren Durchführungen ca. die Hälfte der Teilnehmer aus Beteiligungen kommen wird. Dadurch werden sich dann zusätzliche Möglichkeiten ergeben, Unternehmens- und Geschäftskompetenz aufzubauen.

Unmittelbarer Nutzen für das Unternehmen

Alle Action-Learning-Projekte der Pilotdurchführung des Programms haben messbare Ergebnisse gebracht und diese in der Praxis umgesetzt. Das Unternehmen hatte daher einen unmittelbaren Nutzen.

4.4. Die Analysen der drei Action-Learning-Programme im Überblick

In den vorangegangenen Abschnitten dieses Kapitels wurden drei unterschiedliche Action-Learning-Programme anhand der Kriterien analysiert, die in Kapitel 2 aus der Action-Learning-Literatur abgeleitet wurden. Im letzten Abschnitt dieses Kapitels werden nun die Analyseergebnisse synoptisch dargestellt (vgl. Tabelle 4.5), um einen direkten Vergleich der Programme in Bezug auf die einzelnen Kriterien zu erleichtern.

Tab. 4.5: Analyse der Programme anhand der Action-Learning-Kriterien

Kriterien	Programm A	Programm B	Programm C
1. Generelle Merkmale von Action Learning			
Learning by doing	Ja	Ja	Ja
Exploration steuert Expertenwissen	Ja	Ja, aber auch umgekehrt	Ja, wird gezielt unterstützt
Das Action-Learning-Team als Medium für Reflexion, Erproben neuer Lösungen und persönliche Entwicklung	Ja	Ja, als Möglichkeit	Explizit gefordert und unterstützt
Die Simultaneität von Problemlösen und Lernen bzw. von persönlicher u. organisationaler Entwicklung („Doppelwippe")	Begrenzt	Ja	Ja
2. Der Prozess der Problemlösung			
Identifikation des Problems	Produktmanager	Teilnehmer	Teilnehmer, Vorstand, Führungskräfte
Zusammensetzung des Action-Learning-Teams	Regionale Herkunft bzw. Interesse	Bereichs-, funktions-, standortübergreifend	Hauptverwaltung und Eigenbetrieb (Beteiligungen)
Beauftragung des Action-Learning-Teams	Beauftragung durch Sponsor (=Client)	Zielvereinbarung mit Coach (=Client)	Projektvereinbarung mit Auftraggeber (=Client)

Kriterien	**Programm A**	**Programm B**	**Programm C**
Sammlung und Analyse von Daten	Selbstgesteuert	Selbstgesteuert/ Umfeldanalyse	Strukturierte Umfeldanalyse zu Beginn
Erprobung von Lösungen	Nein	Ja	Ja
Rückmeldung von (Zwischen-) Ergebnissen	Systematisch in Workshops, ggf. an Sponsor	Systematisch in Workshops und an Coach	Systematisch in Workshops / Reflexionstagen und an Auftraggeber
Roll-out der Lösung in die Breite	Keine Umsetzung während des Programms	Wird angeboten	Wird angeboten
3. Formen des Sets			
Projekt aus der eigenen vs. Projekt aus einer fremden Aufgabe	Fremde Aufgabe	Fremde Aufgabe (meistens)	Fremde Aufgabe (meistens)
Projekt in der eigenen vs. in einer anderen Organisation	Sowohl als auch	Meist andere Organisation (außer: Owner)	Meist andere Organisation (außer: ggf. Owner)
Gemeinsames Team-Projekt vs. Individuelle Teilnehmer-Projekte	Team-Projekt	Team-Projekt	Team-Projekt
Vollzeit- vs. Teilzeit Action Learning	Teilzeit	Teilzeit	Teilzeit
4. Projektmanagement			
Einführung in das Thema im Programm	Überblick Theorie	Erfahrungs-austausch	Seminarmodul

Kriterien	**Programm A**	**Programm B**	**Programm C**
a. Klassisches Projektmanagement	Ansatzweise	Ja	Ja
Zielvorgabe	Zielvorgabe und konkrete Absprache	Zielvereinbarung	Zielvereinbarung
Zeitliche, finanzielle, personelle und andere Begrenzungen	Ja	Ja	Ja
Abgrenzung gegenüber anderen Vorhaben	Ja	Ja	Ja
Projektspezifische Organisation	Ja	Ja	Ja
b. Prozessorientierte Steuerung	Nein	Nein	Ja
Macht, Veränderungs-energie, Widerstände und Vernetzungen	Nicht explizit	Nicht explizit	Kraftfeldanalyse; Reflexion
c. Durchbruchs-strategie	Nein	Ja	Ja
Ergebnisorientierung	Nein	Ja	Ja
Durchbruchsziel	Nein	Ja	Ja
5. Strukturelle Merkmale des Ablaufs			
Action-Learning-Aufgabe	Long Term Task (LTT)	Business Impact Project (BIP)	Action-Learning-Projekt

Kriterien	Programm A	Programm B	Programm C
Workshop-Struktur *Start-up-Workshop* *Zwischen-Workshops* *Abschluss-Workshop*	3 Workshops (= Start, Summer und Final Seminar)	3 Workshops plus Abschlusstag	6 Workshops (= Blocks) plus 2 Reflexionstage
Action Learning im Programm	Seminar 1-3	Workshop 1-3 (plus Abschlusstag)	Block 3 bis 5 (Optional bis Block 6)
Set Meetings	Selbstgesteuert meist mit Client	Selbstgesteuert mit und ohne Client	Selbstgesteuert mit und ohne Client; Reflexionstage moderiert
Kommunikations-Plattform	Fax, Email	Learning Landscape	Quickplace
Distance Learning / Selbstlern-Materialien	Kompendien (Papier)	CBT auf CD-ROM und im Intranet; Assignments, Teletutoring	Nein, aber Foto-Dokumentation der Blocks und Hintergrundartikel
6. Rollen im Action-Learning-Programm			
Der Sponsor, der die notwendige Positionsmacht besitzt	Vorstand	Vorstand	Vorsitzender des Vorstands
Der Client, der als Kunde an der Implementierung von Ergebnissen unmittelbar interessiert ist.	Bezeichnung im Programm: Sponsor	Bezeichnung im Programm: Coach	Bezeichnung im Programm: Auftraggeber
Das Set, die Gruppe von ca. 6 Teilnehmern, die die Action-Learning-Aufgabe bearbeiten	Bezeichnung: Project Team	Bezeichnung: BIP-Team	Bezeichnung: Action-Learning-Team

Kriterien	Programm A	Programm B	Programm C
Der einzelne Teilnehmer	Führungs-Nachwuchs aus internationalen Standorten (nicht Deutschland)	Führungs-Nachwuchs und mittleres Management aus allen Bereichen und Standorten der Region Deutschland	Führungs-Nachwuchs aus Hauptverwaltung, Eigenbetrieben, Beteiligungen
Der Tutor, der von außen oder aus der Organisation Fachbeiträge einbringt.	Interne und externe Spezialisten	Experten im Programm; Fachleute für Teams (bei Bedarf)	Berater; Fachleute (bei Bedarf)
Der Set Adviser, Coach oder Facilitator, der das Lernen fördert, die Gruppendynamik adressiert und den Projektfortschritt begleitet	Facilitator, Consultant	Moderator (Workshop), Facilitator (Projekt)	Berater bzw. Moderator
Weitere Rollen	Internationale Personalentwicklung; Führungskräfte der Teilnehmer (Coaches)	Programmbetreuer	Personalentwicklung; Führungskräfte der Teilnehmer
7. Lernen und Reflexion			
a. Tacit School – Lernen als impliziter Akt	Nein	Ja, als Grundprinzip	Nein
Kein Lerncoach	Individuelle Lernbegleitung	Wenig Lernbegleitung	Individuelle Lernbegleitung

Kriterien	Programm A	Programm B	Programm C
Projektlernen implizit ohne Auswertung	Explizit - Auswertung in Seminaren	Eher implizit, gewisse Auswertung in Workshops	Explizit - Intensive Auswertung in Seminarblocks und an Reflexionstagen
b. Scientific School – Lernen als rationale Soll-Ist-Abweichung	Ja	Ja	Ja
Exploratives Lernen (Questioning einer neuartigen Situation)	Ja	Ja	Ja, wird ermutigt
Theoriewissen (programmed Learning)	Ja, viel vorstrukturiertes Wissen	Ja, viel vorstrukturiertes Wissen	Ja, vorwiegend teilnehmergesteuert
Lernen als Abweichung tatsächlicher von erwarteten Ergebnissen	Nein	Gelegentlich, aber nicht systematisch	Ja, Lernen aus Überraschungen
c. Experiential School – Lernen als systematisch geplante und unterstützte Aktion	Ja	Ja	Ja
Systematische Lernphasen	Ja, aber nur seminarbezogen	Phasenmodell	Ja, mit Überlappungen
Lernplanung	Ja	Empfohlen, aber nicht überprüft	Ja, intensiv
Umsetzung	Ja, individuell	Ja, individuell und Team	Ja, individuell und Team
Review der Lernergebnisse	Ja, individuell	Eventuell im Team	Ja, individuell und im Team

Kriterien	**Programm A**	**Programm B**	**Programm C**
Schlussfolgerungen	Ja	Tipps für zukünftige Teams	Ja, individuell und Team
Unterstützung im Lernprozess:	Persönliche Gutachten, Einzel-Coaching	Teammoderation bei Bedarf (in der Regel bei Barrieren oder Krisen)	Teammoderation und Einzelcoaching
Learn how to learn	Nein	Hinweise besonders zu Beginn	Ausgiebig
Persönlicher Entwicklungsplan	Ja	Als Anregung	Ja
Lernvereinbarung	Ja	Empfohlen mit eigener Führungskraft	Wird sowohl dem Teilnehmer als auch seiner Führungskraft empfohlen
Lerntagebuch	Nein	Ja, mit Leitfragen	Ja, mit Leitfragen
Lernen aus der Arbeit der anderen Teammitglieder	Ja	Ja	Ja
Gruppendynamik auswerten	Ja, vorwiegend zur Beseitigung von Störung	Ja, vorwiegend zur Beseitigung von Störungen	Ja, als Lernchance
Diskussion des Lernprozesses und der Lernergebnisse	Ja	Ja	Ja
Projektreview	Ja, zum Teil	Ja	Ja
Einzelcoaching	Ja	Nein	Ja

Kriterien	Programm A	Programm B	Programm C
d. Critical Reflection School – Lernen als Hinterfragen handlungssteuernder Annahmen	Nein	Nein	Ja, Hauptansatz des Programms
Reflexion der Persönlichkeit des Problemlösers	Zum Teil	Nein, aber Feedback im Team	Ja
Handlungssteuernde Annahmen und Verhaltensmuster	Nur bei Konflikten	Nein	Ja
Wie verändere ich mich?	Nein	Nein	Ja
Reflexion des Problemverständnisses des Problemlösers	Eher Nein	Nein	Ja
Erweitern der eigenen Perspektive	Implizit ja	Implizit möglich	Ja
Problemsicht aus unterschiedlichen Perspektiven	Ja	Implizit möglich	Ja
Wahrnehmungsfehler aufdecken	Nein	Nein	Ja, durch Auswertung in der Reflexion
(Verdeckte) Erwartungen	Ja, im Konfliktfall	Nein	Ja
Reflexion des Umfelds im Unternehmen	Nein	Nein	Ja
Normen der Organisation	Nein	Leitlinien für Führungskräfte und Führungs-Rahmen	Ja

Kriterien	Programm A	Programm B	Programm C
Widersprüche zwischen Werten/Normen der Organisation und des Problemlösers	Nein	Evtl. implizit, nicht systematisch	Ja

5. Diskussion der Ergebnisse

Gegenstand dieser Arbeit ist die Analyse von Action-Learning-Programmen zur Entwicklung von Führungskräften aus drei verschiedenen Unternehmen. Dazu wurden zunächst Kriterien für Action Learning ermittelt und anschließend auf die drei Programme angewandt. Dies ermöglichte es, Gemeinsamkeiten und Unterschiede der Programme festzustellen. Schließlich wurde der Nutzen jedes Programmdesigns hinsichtlich der zwei Zielrichtungen von Action Learning, nämlich Entwicklung von Führungskräften und unmittelbarer Nutzen für das Unternehmen, ermittelt.

Ob Action Learning einen unmittelbaren Nutzen für das Unternehmen gebracht hat, ergab sich daraus, ob das Ergebnis eines Action-Learning-Teams den Praxistest bestanden hat und genutzt wird. Eine reine Analyse wäre in diesem Sinne noch kein unmittelbarer Nutzen gewesen.

Die Entwicklung von Führungskräften (das zentrale Anliegen eines Management-Development-Programms) wurde hingegen an einem Set von Kompetenzen festgemacht, die für Führungskräfte von Bedeutung sind. Diese lassen sich den vier grundlegenden Kompetenzklassen oder Schlüsselkompetenzen von Erpenbeck & v. Rosenstiel (2003) zuordnen. Die Ermittlung des Ausmaßes, in dem eine Entwicklung der spezifischen Kompetenzen möglich war, erfolgte aufgrund der Erfahrungen bei der Umsetzung der Designs und der wahrgenommenen Wirkungen bei den Teilnehmern und ihrem Umfeld.

Die Hypothese, die in dieser Arbeit untersucht wird, besagt, dass Design und Durchführung eines Action-Learning-Programms wesentlichen Einfluss darauf haben, ob und in welchem Umfang ein direkter Nutzen für das Unternehmen entsteht und ob und inwieweit die Entwicklung von Führungskräften in den aufgeführten Kompetenzbereichen unterstützt wird.

Um zu überprüfen, ob es Belege für diese Hypothese gibt, werden nunmehr die Einschätzungen des Nutzens der drei Programme (d.h. ihres unmittelbaren Nutzens für das Unternehmen und der Kompetenzentwicklung für Führungskräfte) verglichen. Im Anschluss daran wird untersucht, ob Unterschiede und Gemeinsamkeiten im Nutzenprofil der Programme mit Unterschieden und Gemeinsamkeiten in den Programmdesigns einhergingen. In dem Maße, wie dies der Fall war, wird dies als Bestätigung der Hypothese gewertet.

5.1. Der Nutzen der drei Action-Learning-Programme im Vergleich

In diesem Abschnitt werden nun die Nutzenprofile der drei Action-Learning-Programme gegenübergestellt, um zu ermitteln, welche Gemeinsamkeiten und Unterschiede dabei erkennbar werden.

Der Vergleich zeigt, dass deutliche Unterschiede zwischen den Profilen auftreten, dies gilt sowohl für die einzelnen Punkte, als auch für die Kompetenzklassen. Die einzigen Gemeinsamkeiten über alle drei Programme finden sich bei den Punkten Lösungskompetenz und Unternehmens- und Geschäftskompetenz. Gleichzeitig gibt es bei sehr vielen Einzelpunkten Gemeinsamkeiten zwischen zwei Programmen, während nur eines sich unterscheidet.

Die Tatsache, dass die Nutzenprofile der verschiedenen Action-Learning-Programme sehr unterschiedlich sind (vgl. Tabelle 5.1), stellt einen ersten Hinweis auf die Stichhaltigkeit der Hypothese dar.

Tab. 5.1: Die Nutzenprofile der drei Programme im Vergleich

Programme Kompetenzen	A	B	C
Lösungskompetenz (F)	+++	+++	+++
Innovationskompetenz (F)	+	++	++
Durchschnitt F	2	2,5	2,5
Umsetzungskompetenz (A)	0	+++	+++
Durchschnitt A	0	3	3
Sozialkompetenz (S)	+++	+	+++
Teamkompetenz (S)	+++	+	+++
Netzwerkkompetenz (S)	+++	++	+++
Durchschnitt S	3	1,3	3
Reflexionskompetenz (P)	+	0	+++
Durchschnitt P	1	0	3
Unternehmens- und Geschäftskompetenz	3	3	3
Unmittelbarer Nutzen für das Unternehmen	1	1-3	2-3

5.2. Der Zusammenhang von Nutzen und Programmdesign

Die unterschiedlichen Nutzenprofile werden nun mit den Programmdesigns abgeglichen. Im ersten Schritt ist zu untersuchen, wie sich das Lernverständnis der verschiedenen Programme auf die Entwicklung von Kompetenz auswirken kann. Anschließend wird für jede Kompetenzklasse und für die unternehmensbezogenen Aspekte untersucht, inwieweit Gemeinsamkeiten und Unterschiede in den Nutzenprofilen auch mit Gemeinsamkeiten und Unterschieden im Design einhergehen. Interessant sind dabei insbesondere die Fälle, in denen zwei Programme eine Gemeinsamkeit im Nutzen aufweisen, während ein drittes Programm sich unterscheidet. Zusammenhänge zwischen Nutzenprofilen und Programmdesigns werden als Unterstützung der Hypothese gewertet.

Lernverständnis und Kompetenzentwicklung

Die drei untersuchten Action-Learning-Programme folgten unterschiedlichen Action-Learning-Schulen, wobei kein Programm ausschließlich auf eine Schule festgelegt war. Aus der Analyse ergab sich, dass jedes Programm einen Schwerpunkt hatte und Elemente anderer Schulen mit genutzt hat.

Programm A folgte implizit relativ stark der Experiential School, d.h. Lernen als systematisch geplante und unterstützte Aktion. Daneben wurden gewisse Elemente der Scientific School und der Critical Reflection School genutzt. Entsprechend der Hauptrichtung gab es viele Angebote zur Lernunterstützung und Auswertung der Erfahrung. Gleichzeitig entstand dadurch ein Lernfeld, welches durch Nähe und fast fürsorgliche Betreuung gekennzeichnet war. Kompetenzentwicklung wurde persönlich begleitet, gefordert und gefördert.

Programm B folgte vorwiegend der Tacit School, d.h. Lernen als impliziter Akt, der quasi von selbst und ohne Auswertung bei allen Aktivitäten eines Individuums stattfindet. Ergänzt wurde dies durch

Elemente der Scientific School und noch mehr der Experiential School. Als Konsequenz der Hauptrichtung blieb Lernen und damit auch Kompetenzerwerb weitestgehend den Teilnehmern selbst überlassen. Methoden, die der Experiential School angehörten, wurden zwar angeboten, aber wiederum eher als Anregung zur selbstgesteuerten Verwendung, die keinem Monitoring unterlag. Dieses Vorgehen forderte und förderte für den Kompetenzerwerb in hohem Maße die Autonomie der Teilnehmer. Gleichzeitig wurde dieser Schule entsprechend wenig Aufarbeitung geleistet und damit individuelles oder kollektives Vermeiden im Team (z.B. des Kompetenzaufbaus) prinzipiell toleriert, solange das Team auf der Sachebene produktiv blieb. Kompetenzerwerb wurde also angeregt, aber nicht begleitet.

Programm C schließlich folgte ausdrücklich der Critical Reflection School, d.h. Lernen als Hinterfragen handlungssteuernder Annahmen. Diese Schule beinhaltet die Experiential School und geht in der Reflexion darüber hinaus. Daneben fanden sich auch in diesem Programm Elemente der Scientific School wieder. Für den Kompetenzerwerb bedeutete dies, dass Ressourcen und Blockaden des einzelnen thematisiert wurden und auch die Bedingungen im Team und in der Organisation in die Reflexion eingeschlossen waren. Es gab in diesem Programm eine intensive Begleitung des Lernens im Dialog zwischen Berater und Individuum bzw. Team, die gleichzeitig die Autonomie des einzelnen respektierte und die Auseinandersetzung mit seinem Lernen forderte und förderte. Kompetenzerwerb wurde intensiv begleitet und unterstützt durch Herausarbeiten hemmender und unterstützender Faktoren der Person und des Umfelds.

Gemeinsamkeiten und Unterschiede der Programme, wie sie in den Einschätzungen des Programmnutzens auftauchen, sind also immer zu verstehen vor der grundsätzlich unterschiedlichen Programmlogik, die in den einzelnen Programmen verwendet wurde.

Fachlich-methodische Kompetenzen

In diesem Bereich liegen die Wertungen der drei Programme dicht beieinander. Die Chance zum Aufbau von Lösungskompetenz wurde überall als sehr hoch eingeschätzt. Wenn man nun die Programmdesigns betrachtet, ergeben sich folgende Hinweise: Die Gemeinsamkeit in den Designs aller drei Programme ist, dass die generellen Merkmale von Action Learning, wie zum Beispiel „Learning by doing" in allen drei Programmen gut erfüllt sind und es einen Lösungsprozess gibt, dem gefolgt werden konnte. In den Programmen A und B gab es außerdem beträchtliche fachliche Inputs, die den Teilnehmern unabhängig von ihrer Action-Learning-Aufgabe als Basisqualifikationen im Programm angeboten wurden. Diese wirkten tendenziell erhöhend auf die Lösungskompetenz. Gleichzeitig bestand damit unabhängig von der Qualität der Angebote die Gefahr, die Lernphilosophie des Action Learning durch stärker „verschulte" Lernangebote zu konterkarieren. Hier galt es jeweils die Balance sorgfältig zu halten. In Programm C waren fachliche Inputs kein Programmbestandteil. Fachinhalte wurden daher ausschließlich nach der Action-Learning-Maxime „Exploration steuert Expertenwissen" organisiert.

Der innovative Aspekt war in allen drei Programmen enthalten, in den Programmen B und C etwas mehr als in Programm A. Gemeinsam war allen drei Programmen eine Zusammensetzung, die innovatives Verhalten begünstigt. Die Teilnehmergruppen waren in der Regel gut gemischt nach Herkunft und es gab immer genügend Teilnehmer in einem Team, die nicht in die vorherrschenden Denkweisen eingebunden waren.

Tab. 5.2: Fachlich-methodische Kompetenzen

Programme Kompetenzen	A	B	C
Lösungskompetenz (F)	+++	+++	+++
Innovationskompetenz (F)	+	++	++
Durchschnitt F	2	2,5	2,5

Der etwas höheren Wertung bei den Programmen B und C entspricht es, dass es in diesen Programmen gezielte methodische Unterstützung gab, z.B. zu Kreativitätstechniken oder zum systematischen Infragestellen und Wechseln eines Kontexts. Bezogen auf die Hypothese bedeutet dies: Eine vergleichbare Nutzeneinschätzung aller drei Programme in diesem Aspekt geht einher mit Ähnlichkeiten im Design. Auch für geringe Unterschiede im Nutzen gibt es mögliche Erklärungen im Design, die allerdings nicht überbewertet werden sollen.

Aktivitäts- und umsetzungsorientierte Kompetenzen

In Bezug auf die Umsetzungskompetenz gab es ein klares Gefälle zwischen den Programmen. In Programm A konnten keine Faktoren festgestellt werden, welche die Umsetzungskompetenz fördern, während diese in den Programmen B und C sehr hoch waren. In den Designs ergab sich ebenfalls ein klarer Unterschied: In den Programmen B und C war Lernen durch frühzeitige Umsetzung ein sehr wichtiger Aspekt, der zum Aufbau der Kompetenz genutzt werden konnte. In Programm A galt hingegen auch eine Analyse als akzeptables Ergebnis. Dieses Ergebnis kann als Unterstützung für die Hypothese gewertet werden.

Tab. 5.3: Aktivitäts- und umsetzungsorientierte Kompetenzen

Programme Kompetenzen	A	B	C
Umsetzungskompetenz (A)	**0**	**+++**	**+++**
Durchschnitt A	**0**	**3**	**3**

Sozial-kommunikative Kompetenzen

Im Bereich der sozial-kommunikativen Kompetenzen gab es wiederum ein großes Gefälle. Hoch war die Ausprägung bei den Programmen A und C, gering bei Programm B.

Die Gemeinsamkeit in den Programmen A und C war die Begleitung von Action Learning durch intensives Verhaltens- und Kommunikationstraining. Dieses erlaubte es den Teilnehmern, sich im Umgang mit offenem Feedback zu üben, ihr Kommunikationsverhalten zu bearbeiten und konstruktive Beziehungen aufzunehmen. In Belastungen während der Action-Learning-Aufgabe konnte auf dieser Basis aufgebaut werden, um eine weitere Entwicklung zu ermöglichen. In Programm B fehlte dieser Aspekt vollständig – Action Learning war damit ein Sprung ins kalte Wasser mit ungeklärten Beziehungen und geringer Vertrauensbildung im Vorfeld.

Tab. 5.4: Sozial-kommunikative Kompetenzen

Programme Kompetenzen	A	B	C
Sozialkompetenz (S)	**+++**	**+**	**+++**
Teamkompetenz (S)	**+++**	**+**	**+++**
Netzwerkkompetenz (S)	**+++**	**++**	**+++**
Durchschnitt S	**3**	**1,3**	**3**

Dazu kam bei den Programmen A und C eine hohe Auswertungsdichte. Dies ist speziell interessant in Bezug auf das Thema Teamkompetenz. Hier gab es gerade auch in Programm B eine kreative Teambildungsmethodik, die aber kaum zu Auswertung und Üben führte, während Teamaktivitäten in den beiden anderen Teams intensiv und personnah ausgewertet wurden.

Geringer, aber trotzdem noch deutlich wahrnehmbar waren die Unterschiede hinsichtlich Netzwerkkompetenz. In allen Programmen gab es aufgrund der Zusammensetzung der Teilnehmer und der Art der Action-Learning-Projekte vielfältige Möglichkeiten, Netzwerke auf- und auszubauen. In Programm A entstanden Netzwerke, die auf engen persönlichen Kontakten basierten. Auch in Programm C entstand ein Netzwerk, welches durch hohe persönliche Vertrautheit und Offenheit gekennzeichnet war und das – soweit derzeit absehbar - zur fachlichen aber auch persönlichen Weiterentwicklung genutzt werden konnte. In Programm B hingegen war die Situation etwas anders. Es entstanden auch hier Netzwerke, die aber selten ein ganzes Programm betrafen und die sich oft stärker auf sachlich-fachlichen Austausch beschränkten.

Für den Erwerb von Netzwerkkompetenz förderlich war sicherlich, dass nach Beendigung aller drei Programme über längere Zeit aktive Angebote zur weiteren Pflege des Netzwerks gemacht wurden.

In Bezug auf diese Kompetenzklasse gab es für die deutlichen Unterschiede in der Einschätzung des erzielten Nutzens eine stichhaltige Erklärung hinsichtlich der Programmdesigns. Der Unterschied bestand einerseits in den Grundphilosophien der Programme, die in den Action-Learning-Schulen zum Ausdruck kam, und andererseits in der Verwendung von Verhaltenstraining zur Unterstützung. Die Programme A und C wiesen hier strukturelle Ähnlichkeiten auf, obwohl die Action-Learning-Schule von Programm C einen weitergehenden Anspruch hat. Programm B hingegen hob sich davon deutlich ab. Auch dies kann von der Tendenz her als deutlicher Beleg für die Hypothese gelten.

Personale Kompetenzen

Die Entwicklung personaler Kompetenzen war in den Programmen sehr unterschiedlich ausgeprägt. Der Hypothese folgend sollte es deutliche Unterschiede in den Programmdesigns hinsichtlich der Unterstützung von Reflexionskompetenz geben. Tatsächlich folgten die drei Programme verschiedenen Programmphilosophien. Während Programm A der Experiential School folgte, die Lernen aus Erfahrungen durch explizite Auswertungen auch zum Beispiel des eigenen Verhaltens unterstützt, folgte Programm B vorwiegend der Tacit School, die Auswertungen skeptisch gegenübersteht und implizites Lernen favorisiert. Programm C schließlich folgte der Critical Reflection School, die über die Experiential School hinausgehend eine intensive Reflexion handlungssteuernder Annahmen fordert.

Tab. 5.5: Personale Kompetenzen

Programme **Kompetenzen**	**A**	**B**	**C**
Reflexionskompetenz (P)	**+**	**0**	**+++**
Durchschnitt P	**1**	**0**	**3**

Unternehmens- und Geschäftskompetenz

In dieser Dimension wurden alle drei Programme sehr hoch eingeschätzt. Der Hypothese folgend ist damit zu rechnen, dass es eine entsprechende Gemeinsamkeit in allen drei Programmen gab. Tatsächlich waren die Action-Learning-Teams in allen Programmen nach verschiedenen Kriterien gemischt zusammengesetzt und bearbeiteten neben ihrer Tagesaufgabe ein Thema, welches für die meisten Teilnehmer eine Erweiterung ihrer Kenntnis des Unternehmens und/oder des Geschäfts mit sich brachte. Dies war damit verbunden, in diesem Umfeld auch so zu agieren, dass es bei den Partnern, die zum Beispiel Mitglieder von Leitungskreisen sein konnten, Akzeptanz erzeugte.

Tab. 5.6: Unternehmens- und Geschäftskompetenz

Programme / **Kompetenzen**	**A**	**B**	**C**
Unternehmens- und Geschäftskompetenz	**3**	**3**	**3**

Unmittelbarer Nutzen

Der unmittelbare Nutzen der Action-Learning-Projekte für das jeweilige Unternehmen korrelierte mit der Umsetzungskompetenz. Wesentlichen Einfluss hierauf hat die Anforderung in Programmen B und C, eine praktische Umsetzung vorzunehmen, während in Programm A eine Analyse mit Lösungsvorschlag ein ausreichendes Ergebnis war. Dass hier dennoch ein begrenzter Nutzen eingeschätzt wurde, hing damit zusammen, dass der Lösungsvorschlag für die Sponsoren politisch einen gewissen Nutzen hatte.

Die Bandbreite bei den Programmen B und C rührte daher, dass eine Umsetzung mehr oder weniger erfolgreich sein konnte und damit mehr oder weniger Nutzen generierte. Tatsächlich waren hier die Schwankungen gerade in der Anfangszeit von Programm B wesentlich höher als bei Programm C. Obwohl die Ergebnisse bei Programm C wegen der bislang geringen Anzahl der Projekte noch nicht als repräsentativ angesehen werden können, wäre es möglich, dass die geringere Schwankung mit der unterschiedlichen Action-Learning-Schule, die den beiden Programmen zugrunde liegt, zusammenhängt. Dies könnte bedeuten, dass eine engere Auswertung und Reflexion zu stabileren Ergebnissen der Action-Learning-Projekte führt. Eine Interpretation in diesem Sinne würde die Hypothese stützen, während eine zufällig geringere Schwankung ihr widersprechen würde. Zum gegenwärtigen Zeitpunkt kann dies noch nicht entschieden werden.

Tab. 5.7: Unmittelbarer Nutzen für das Unternehmen

Programme	A	B	C
Unmittelbarer Nutzen für das Unternehmen	1	1-3	2-3

Fazit

Die Ergebnisse dieser Diskussion haben deutliche Belege für die Stichhaltigkeit der Hypothese erbracht, dass das Design eines Action-Learning-Projekts erheblichen Einfluss auf den damit erzielten Nutzen hat. Es wurde eine Vielzahl von Hinweisen gefunden, welche Einflussfaktoren hier wirken. Weitere Untersuchungen könnten diese Ergebnisse differenzieren und empirisch absichern. Dabei könnte es hilfreich sein, die Kompetenzen, die durch ein Action-Learning-Programm unterstützt werden, einer systematischen Überprüfung unter Verwendung geeigneter Messverfahren zu unterziehen (Erpenbeck & v. Rosenstiel, 2003).

Auf der Basis der hier erarbeiteten Ergebnisse sollen nunmehr Empfehlungen für die Gestaltung von Action-Learning-Programmen im Management Development gegeben werden.

5.3. Folgerungen für die Gestaltung von Action-Learning-Programmen im Management Development

Im vorhergehenden Abschnitt wurde der Nutzen von Action-Learning-Programmen, die in der Praxis durchgeführt werden, in Verbindung gebracht mit Designmerkmalen dieser Programme, die anhand von Analysekriterien vergleichbar gemacht wurden. Dabei hat sich gezeigt, dass die Analysekriterien geeignet sind, die nach Aufbau und Durchführung im Vergleich zu herkömmlichen Seminaren sehr komplexen Action-Learning-Programme wirksam zu differenzieren.

Diese Analysekriterien können nun auch für die Gestaltung neuer Action-Learning-Programme im Management Development herangezogen werden. Mit den drei bereits analysierten Programmen und ihrem unterschiedlich ausgeprägten Nutzen liegen dabei Referenzprofile vor, die man als Anhaltspunkte nutzen kann.

Die Ergebnisse der Untersuchung sprechen klar dafür bei Entwicklung und Design eines Action-Learning-Programms die nachfolgenden Handlungsempfehlungen zu berücksichtigen:

Die grundlegende Entscheidung ist diejenige, welcher Action-Learning-Schule ein Programm folgen soll. Der gewählte Schwerpunkt kann dann bei Bedarf durchaus mit Merkmalen anderer Schulen kombiniert werden. Nach den Ergebnissen dieser Arbeit, hat jedoch ein Programm, welches der Critical Reflection School folgt, die größte Erfolgswahrscheinlichkeit in allen betrachteten Dimensionen. Dabei baut die Critical Reflection School auf der Experiential School auf, geht aber hinsichtlich Reflexion und Aufarbeitung wesentlich über sie hinaus.

Die Wirkung der Critical Reflection School kann noch deutlich verstärkt werden durch die Kombination mit Maßnahmen wie reflexionsorientiertem Verhaltenstraining und begleitendem Coaching. Dies gilt besonders hinsichtlich personaler Kompetenzen und sozial-kommunikativer Kompetenzen.

Zur Förderung fachlich-methodischer Kompetenzen ist die Anlage eines gut nachvollziehbaren Prozesses der Problemlösung im Programmdesign anzuraten, wie dies in den Kriterien aufgezeigt wird. Diese Kompetenzklasse kann darüber hinaus unterstützt werden durch Fachbeiträge von Experten. Hierbei ist die Empfehlung der Scientific

School zu bedenken, die fordert, dass Experteninputs durch die Exploration im Action Learning gesteuert sein sollten. Im umgekehrten Fall, dass eine Vielzahl von Experteninputs unabhängig von den speziellen Erfordernissen im Action Learning angeboten werden, kann dies bei den Teilnehmern zu einer Konsumhaltung oder eher passiven Rezeption - verwandt dem klassischen Schullernen - führen, die dem Erfolg von Action Learning abträglich wäre.

Zur Förderung des Umsetzungsaspekts (Aktivitäts- und umsetzungsorientierte Kompetenzen) schließlich ist ein Rückgriff auf Methoden des Projektmanagements sinnvoll. Dieser Aspekt wird interessanterweise in der Literatur zu Action Learning kaum beleuchtet. Klassisches Projektmanagement bietet Instrumente zur Strukturierung. Prozessorientiertes Projektmanagement hilft bei der situativen Steuerung und Handhabung von Widerständen. Dieser Projektmanagement-Ansatz ergänzt sich im Übrigen besonders gut mit der Critical Reflection School des Action Learning.

Die Breakthrough Strategy des Projektmanagement schließlich stellt eine konsequente Form dar, Learning by doing ergebnisorientiert zu betreiben. Ein solches Vorgehen ist im Sinne eines „magischen Steinwurfs" besonders geeignet, um sicherzustellen, dass das Unternehmen durch Action Learning, neben der Entwicklung von Führungskompetenz, einen unmittelbaren Nutzen durch die Projekte erzielt.

Unternehmens- und Geschäftskompetenz fördert ein Action-Learning-Programm zusätzlich zu dem bereits Gesagten dadurch, dass es den Teilnehmern erlaubt, über den eigenen Tellerrand hinaus ins Unternehmen und auf das Geschäft zu schauen. Für ein Management-Development-Programm hat sich dabei die Form eines Action Learning neben der Tagesaufgabe des Teilnehmers bewährt, wobei in Teams, die nach allen gängigen Kriterien (z.B. Standort, Funktion, Ausbildung etc.) gut gemischt sind, eine gemeinsame Aufgabe bearbeitet wird.

6. Action Learning und vernetzte Lernlandschaften in Phasen tiefgreifender Veränderungen

Die meisten Unternehmen und Märkte befinden sich schon seit einiger Zeit in einer Phase tiefgreifender Transformation mit einer immer höheren Veränderungsrate. Gerade unter diesen Bedingungen bewähren sich die Prinzipien von Action Learning und finden auch weitere Anwendungsfelder. Gezeigt werden soll dies an zwei Aspekten: Globalisierung und Internet fördern die Entwicklung effektiver virtueller Kommunikationsprozesse, die ohne direkte „face-to-face"-Begegnung der beteiligten Personen stattfinden. Gleichzeitig führen Instabilität und rascher Wandel von Strukturen zu einem wachsenden Bedürfnis von Zugehörigkeit und Gemeinschaft. Die Bildung standortunabhängiger virtueller „Communities" wird zu einem Merkmal dieser Phase und ein wichtiger Bezugspunkt für immer mehr Individuen. Beide Aspekte sind verknüpft und stellen wichtige Anwendungsfelder für Action Learning dar.

6.1. Virtuelle Action-Learning-Sets

Virtuelle Sets zeichnen sich dadurch aus, dass die Teilnehmer sich an unterschiedlichen Standorten befinden und sich von dort aus auf einen gemeinsamen Action-Learning-Prozess einlassen. Alle drei in dieser Studie beschriebenen Action-Learning-Programme umfassten virtuelle Sets, die deutschlandweit und in einem Fall (Programm A) sogar weltweit zusammengesetzt waren. Kennzeichen dieser Sets waren persönliche Treffen zu definierten Zeitpunkten im Rahmen der Management-Development-Programme und virtuelle meist selbstgesteuerte Aktivitäten der Sets zwischen diesen Präsenz-Workshops, z.B. als Rundmail an alle, als Kontakt auf einer gemeinsamen Kommunikations-Plattform oder als Telefonkonferenz. Unterstützt durch die technische Entwicklung der modernen

Kommunikationsmedien werden jedoch auch neue Varianten virtueller Sets erprobt, in denen der direkte „face-to-face“-Kontakt zugunsten des virtuellen stärker reduziert wird oder in Grenzfällen sogar ganz wegfällt. Dies bedeutet, dass ein Set-Meeting auch als moderierte Telefonkonferenz von Menschen, die sich noch nie gesehen haben und auch nie sehen werden, stattfinden kann. Telefonkonferenzen gehören heute schon zum Alltag vieler Manager. Der virtuelle Kontakt reduziert allerdings tendenziell emotionale, intuitive und reflektierende Anteile als auch spontane Äußerungen zugunsten sachlicher Informationen und dem Austausch von Fakten. Es hängt daher sehr von der Moderation und der Bereitschaft der Teilnehmer ab, ob solche Set-Meetings gelingen. Obwohl diese Entwicklung also noch am Anfang steht, ist zu erwarten, dass direkter und virtueller Kontakt zunehmend gleichberechtigte Kommunikationsformen in Sets sein werden, um auch über örtliche Distanzen hinweg ungehindert mit Action Learning umsetzen, lernen und reflektieren zu können.

6.2. Communities als vernetzte Lernlandschaften

Der Blickwinkel dieser Studie war vorwiegend auf die Wirkungsweise des einzelnen Sets gerichtet, um die gleichzeitige Entwicklung der Führungspersönlichkeit einerseits und die der Organisation bzw. der Geschäftsprozesse andererseits zu verstehen. In allen hier betrachteten Programmen sind jedoch jeweils mehrere Sets mit vielfältigen Interaktionen und Wechselwirkungen beteiligt gewesen, die als Denk- und Entwicklungsanstöße gewirkt haben. In Programm C beispielsweise wurde die Verhandlung eines Sets mit seinem Auftraggeber von den anderen Sets als Reflecting Team mit direktem Feedback begleitet. In diesem Programm, welches intensiv mit den Elementen der kritischen Reflexion arbeitet, war auch beobachtbar, dass die Teilnehmer sich noch Jahre nach Abschluss ihres Programms trafen, um nach Action-Learning-Prinzipien zu reflektieren. Von vielen Teilnehmern wurde geäußert, dass dies ein Ort für sie sei, an dem besonders offene und vertrauensvolle Kommunikation möglich wäre und dadurch schwierige Führungssituationen reflektiert und Lösungsschritte erarbeitet werden konnten.

Zusätzlich wurde in diesem Programm auch der Weg beschritten, in enger Abstimmung mit den Teilnehmern alle abgeschlossenen Durchführungen des Programms zu vernetzen. Bei diesen Veranstaltungen wurden neben der Arbeit in den Ursprungsgruppen temporär neue Sets mit Teilnehmern verschiedener Programmdurchführungen gebildet. Rückmeldungen der Teilnehmer bestätigen, dass sowohl der Austausch in der Ursprungsgruppe als auch die Reflexion in neuen vernetzten Sets wichtige Erfahrungen waren, die auch in Zukunft weitergeführt werden sollten.

Durch die Vernetzung einer Vielzahl von Sets entstand eine Gemeinschaft oder Community, die ein gemeinsames Verständnis von dem, was moderne Führung ausmacht, teilt und weiter entwickelt. Im Action Learning gewinnt gerade dieser Aspekt an Bedeutung, da Communities in Zeiten rascher Veränderung mit zunehmend instabilen Strukturen Zugehörigkeit vermitteln, Austausch ermöglichen und Orientierung geben.

Action Learning kann daher über einzelne Management-Development-Programme hinaus - und sogar völlig unabhängig von ihnen - zur Bildung einer Community genutzt werden. Begleitendes reflexionsorientiertes Verhaltenstraining ist dabei hilfreich zur Unterstützung aber nicht in jedem Fall notwendig. In einer Umgebung, die rasches Umlernen nicht nur auf der technisch-sachlichen Ebene sondern auch auf der mentalen Ebene der Einstellungen und Grundüberzeugungen erfordert, kann Action Learning einen wichtigen Beitrag dazu leisten, dass über die Bildung verschiedener Communities im Unternehmen eine schnell reagierende vernetzte Lernwelt entsteht. Diese trägt dazu bei, komplexe

Wechselwirkungen zu verstehen und gibt dadurch Stabilität und Orientierung. Die Gestaltung der Rahmenbedingungen für vernetzte Lernwelten gehört zu den spannenden Herausforderungen zukunftsfähiger Unternehmen.

7. Literatur

Andersen, T. (Hrsg.). (1996). *Das reflektierende Team: Dialoge und Dialoge über die Dialoge*. Dortmund: Verlag Modernes Lernen.

Anderson, C. M. & Stewart, S. (1983). *Mastering resistance: A practical guide to family therapy*. New York: The Guilford Press.

Argyris, C. (1997). *Wissen in Aktion: Eine Fallstudie zur lernenden Organisation*. Stuttgart: Klett-Cotta.

Argyris, C., Putnam, R. & McLain Smith, D. (1985). *Action science: Concepts, methods and skills for research and intervention*. San Francisco: Jossey-Bass.

Argyris, C. & Schön, D. (1974). *Theory in practice*. San Francisco: Jossey-Bass.

Ashton, S. (2006). Where's the action? The concept of action in action learning. *Action Learning: Research and Practice, 3, 1,* 5-29.

Baird, L., Holland, P. & Deacon, S. (1999). Learning from action: Imbedding more learning into the performance fast enough to make a difference. In *Organizational Dynamics*, *27, 4,* 19-32.

Bellmann, M. (2000). Siemens Management Learning: A highly integrated model to align learning processes with business needs. In Y. Boshyk (Hrsg.), *Business-driven action learning: Global best practices* (S. 140-152). London: Macmillan Press.

Boshyk, Y. (Hrsg.). (2000). *Business-driven action learning: Global best practices*. London: Macmillan Press.

Braun, W. (2000). DaimlerChrysler: Global leadership development using action-oriented and distance-learning techniques. In Y. Boshyk (Hrsg.), *Business-driven action learning: Global best practices* (S. 3-13). London: Macmillan Press.

Caulat, G. & de Haan, E. (2006). Virtual Peer Consultation: How Virtual Leaders Learn. *Organisations & People, 13, 4,* 24-32.

Cumming, J. & Hall, I. (2001). *Achieving results through action learning: A practitioner's toolkit for developing people.* Maidenhead Berks: Peter Honey Publications.

Czichos, R. (1993). *Change-Management: Konzepte, Prozesse, Werkzeuge für Manager, Verkäufer, Berater und Trainer* (Zweite, verbesserte Auflage). München: Ernst Reinhardt Verlag.

Dilts, R.B. (1993). *Die Veränderung von Glaubenssystemen. NLP und Glaubensarbeit.* Paderborn: Junfermann.

Domsch, M. E., Regnet, E. & Rosenstiel, L. von (Hrsg.). (2001). *Führung von Mitarbeitern: Fallstudien zum Personalmanagement* (2. Auflage). Stuttgart: Schäffer-Poeschel.

Donnenberg, O. (Hrsg.). (1999). *Action Learning: Ein Handbuch.* Stuttgart: Klett-Cotta.

Donnenberg, O. (1999). Action Learning taucht auf. In O. Donnenberg (Hrsg.), *Action Learning: Ein Handbuch* (S. 44-87). Stuttgart: Klett-Cotta.

Doppler, K. & Lauterburg, C. (1994). *Change Management: Den Unternehmenswandel gestalten.* Frankfurt/New York: Campus.

Dörner, D. (2003). *Die Logik des Mißlingens: Strategisches Denken in komplexen Situationen.* Reinbek: Rowohlt.

Dotlich, D.L. & Noel, J.L. (1998). *Action learning: How the world's top companies are re-creating their leaders and themselves.* San Francisco: Jossey-Bass.

Drukker, E.L. (1999). Action Science: Die Wissenschaft vom adäquaten Handeln – Ein Training zur Überwindung tiefverwurzelter Lernblockaden. In O. Donnenberg (Hrsg.), *Action Learning: Ein Handbuch* (S. 176-204). Stuttgart: Klett-Cotta.

Enderby, J.E., Phelan, D. R. & Birchall, G. (1998) Organisational learning: A case study and model for intervention and change. In D. Botham & W. Gasparski (Hrsg.), *Praxiology: Action Learning* (Bd. 6). (S. 129-146). New Brunswick: Transaction Publishers.

Erpenbeck, J. (2003). KODE® - Kompetenz-Explorer. In J. Erpenbeck & L. von Rosenstiel (Hrsg.), *Handbuch Kompetenzmessung: Erkennen, verstehen und bewerten von Kompetenzen in der betrieblichen, pädagogischen und psychologischen Praxis* (S. 365-375). Stuttgart: Schäffer-Poeschel.

Erpenbeck, J. & Rosenstiel, L. von (Hrsg.). (2003). *Handbuch Kompetenzmessung: Erkennen, verstehen und bewerten von Kompetenzen in der betrieblichen, pädagogischen und psychologischen Praxis.* Stuttgart: Schäffer-Poeschel.

Erpenbeck, J. & Rosenstiel, L. von (2003). Einführung. In J. Erpenbeck & L. v. Rosenstiel (Hrsg.), *Handbuch Kompetenzmessung: Erkennen, verstehen und bewerten von Kompetenzen in der betrieblichen, pädagogischen und psychologischen Praxis* (S. IX-XL). Stuttgart: Schäffer-Poeschel.

Etzel, G., Frank-Oestreich, H., Rußland, W. & Welz, F.-G. (1993). Führungsverhaltenstraining in Intervallen und Lerntransfer: Erprobung eines neuen Konzepts. In *Zeitschrift für Arbeits- und Organisationspsychologie*, *37*, 33-37.

Etzioni, A. (1975). *Die aktive Gesellschaft: Eine Theorie gesellschaftlicher und politischer Prozesse.* Opladen: Westdeutscher Verlag.

Fisher, R. & Ury, W. (1984). *Das Harvard-Konzept: Sachgerecht verhandeln – erfolgreich verhandeln* (2. Auflage). Frankfurt: Campus.

Frese, M. & Sabini, J. (Hrsg.). (1985). *Goal directed behavior: The concept of action in psychology*. Hillsdale: Erlbaum.

Garratt, B. (1983). The power of action learning. In M. Pedler (Hrsg.), *Action learning in practice.* (S. 23-38). Aldershot: Gower Publishing Company Ltd.

Handelsblatt Management Bibliothek (Hrsg.). (2005). *Die besten Managementbücher A-K* (Band 01). Frankfurt: Campus.

Hauser, B. (1993). *Brückenbau als Teamaufgabe: Instruktion zur Durchführung*. Unveröffentlichte Arbeitsunterlage.

Hauser, B. (2004). *Was können wir von der „Strategie des Durchbruchs" für unsere Projekte lernen?* Unveröffentlichte Seminarunterlage.

Hauser, B. (2005). *Action Learning – Projektlernen im Team: Was man bei Action Learning macht und wie es entstanden ist.* Unveröffentlichte Seminarunterlage.

Hauser, B. (2006). Initiating Action Learning in Management Development Programs. Beitrag zum World Congress on Action Research (WCAR), Groningen.

Hauser, B. (2007). Action Learning in management development programs. *The Newsletter of the International Foundation of Action Learning, 26, 3*, 3-4.

Hauser, B., Kunert, B., Thumm, U. & Denker, S. (1999). Action Learning und globale Personalentwicklung. In P.-W.Gester, C. Schmitz & B. Heitger (Hrsg.), *Managerie. Systemisches Denken und Handeln im Management* (5. Jahrbuch). (S. 144-160). Heidelberg: Carl-Auer-Systeme Verlag.

Heron, J. (2002). *The complete facilitator's handbook.* London: Kogan Page.

Heyse, V. (2003). KODE® -X- Kompetenz-Explorer. In J. Erpenbeck & L. von Rosenstiel (Hrsg.). *Handbuch Kompetenzmessung. Erkennen, verstehen und bewerten von Kompetenzen in der betrieblichen, pädagogischen und psychologischen Praxis* (S. 376-385). Stuttgart: Schäffer-Poeschel.

Hörbst, E. (o. J.). *Methoden der Unternehmensführung, Projektmanagement.* Unveröffentlichte Seminarunterlage.

Hungenberg, H. (2004). Strategien zur Wertsteigerung. In L. von Rosenstiel, D. Pieler & P. Glas (Hrsg.), *Strategisches Kompetenzmanagement: Von der Strategie zur Kompetenzentwicklung in der Praxis* (S. 9-27). Wiesbaden: Gabler.

Inglis, S. (1994). *Making the most of action learning.* Aldershot: Gower Publishing.

Janis, I. L. (1982). *Groupthink* (2. Auflage). Boston: Houghton Mifflin.

Karnicnik, E. & Sanne, C. (2003). Siemens-Führungsrahmen. In J. Erpenbeck & L. von Rosenstiel (Hrsg.). *Handbuch Kompetenzmessung: Erkennen, verstehen und bewerten von Kompetenzen in der betrieblichen, pädagogischen und psychologischen Praxis* (S. 212-218). Stuttgart: Schäffer-Poeschel.

Kirsch, W. (1997a). *Strategisches Management: Die geplante Evolution von Unternehmen* (Völlig überarbeitete Neuauflage). Herrsching: Verlag Barbara Kirsch.

Kirsch, W. (1997b). *Kommunikatives Handeln, Autopoiese, Rationalität: Kritische Aneignungen im Hinblick auf eine evolutionäre Organisationstheorie* (2., überarbeitete und erweiterte Auflage). Herrsching: Verlag Barbara Kirsch.

Kirsch, W. (1998). *Betriebswirtschaftslehre: Eine Annäherung aus der Perspektive der Unternehmensführung* (5. Auflage). Herrsching: Verlag Barbara Kirsch.

Kissel, W. (2000). Hoffmann La Roche and Boehringer Mannheim: Mission Impossible? – Executive development during a takeover. In Y. Boshyk (Hrsg.), *Business-driven action learning: Global best practices* (S. 65-75). London: Macmillan Press

Kolb, D. (1984). *Experiential learning: Experience as the source of learning and development.* Englewood Cliffs, N.J.: Prentice Hall.

Kostner, J. (1998). *König Artus und die virtuelle Tafelrunde: Wie Sie Teams aus der Ferne zu Höchstleistungen führen.* Wien: Signum.

Kühl, S., Matthiesen, K. & Schnelle, T. (2005). Raus aus der Routine. *Harvard Businessmanager*, *5*, 22-35.

Kuhn, J. S. & Marsick, V. J. (2005). Action learning for strategic innovation in mature organizations: key cognitive, design and contextual considerations. *Action Learning: Research and Practice, 2, 1,* 27-48.

Lang-von Wins, T., Kaschube, J., Wittmann, A. & Rosenstiel von, L. (2003). Test zur beruflichen Orientierung und Planung (TOP-Test). In J. Erpenbeck & L. von Rosenstiel (Hrsg.), *Handbuch Kompetenzmessung. Erkennen, verstehen und bewerten von Kompetenzen in der betrieblichen, pädagogischen und psychologischen Praxis* (S. 31-41). Stuttgart: Schäffer-Poeschel.

Lawlor, A. (1983). The components of action learning. In M. Pedler (Hrsg.), *Action learning in practice* (S. 191-203). Aldershot: Gower Publishing.

Levy, G.M. (1998). Modifying group architecture to manage conflict. The dance card technique, a novel methodology for managing group dynamics. In D. Botham & W. Gasparski (Hrsg.), *Praxiology: Action Learning* (Bd. 6). (S. 167-190). New Brunswick: Transaction Publishers.

Lipnack, J. & Stamps, J. (1997). *Virtual teams: Reaching across space, time, and organizations with technology.* New York: John Wiley & Sons.

Marquardt, M. J. (1999). *Action learning in action: Transforming problems and people for world-class organizational learning.* Palo Alto/Californien: Davies-Black.

Marquardt, M. J. (2004). The power of learning in action learning: a conceptual analysis of how the five schools of adult learning theories are incorporated within the practice of action learning. *Action Learning: Research and Practice, 1, 2,* 185-202.

Marsick, V. J., & O'Neil, J. (1999). The many faces of action learning. In *Management Learning*, *30, 2*, 159-176.

Matta, N. F. & Ashkenas, R. N. (2004). Wie Sie gute Ideen besser umsetzen. *Harvard Businessmanager*, *26, 3,* 75-84.

McGill, I. & Beaty, L. (1995). *Action learning: A guide for professional, management and educational development* (2nd Edition). London: Kogan Page.

Mirow, M. (2004). Strategien im Informationszeitalter. In L. von Rosenstiel, D. Pieler & P. Glas (Hrsg.), *Strategisches Kompetenzmanagement. Von der Strategie zur Kompetenzentwicklung in der Praxis* (S. 28-42). Wiesbaden: Gabler.

Mollet, G. (2000). Volkswagen: Action learning and the development of high potentials. In Y. Boshyk (Hrsg.), *Business-driven action learning: Global best practices* (S. 152-162). London: Macmillan Press.

Moser, H. (1975). *Aktionsforschung als kritische Theorie der Sozialwissenschaften.* München: Kösel.

Moser, H. (1977). *Methoden der Aktionsforschung: Eine Einführung.* München: Kösel.

Mumford, A. (1994). Four approaches to learning from experience. *The Learning Organization: An International Journal*, *1, 1*, 4-10.

Mumford, A. (1995). Managers developing each other through action learning. *Industrial and Commercial Training*, *27, 2*, 19-27.

Mumford, A. (2006). Action learning: nothing so practical as a good theory. *Action Learning: Research and Practice, 3, 1*, 69-75.

Neuberger, O. (1995a). *Führen und geführt werden* (5. Aufl.). Stuttgart: Enke.

Neuberger, O. (1995b). *Mikropolitik: Der alltägliche Aufbau und Einsatz von Macht in Organisationen.* Stuttgart: Enke.

O'Brian, E. O. & Hart, S. J. (1999). Action learning: The link between academia and industry? *Educational Research*, *41, 1*, 77-89.

O'Neil, J. & Marsick, V. J. (2007). *Understanding Action Learning. Theory into Practice*. New York: Amacom Publishing.

Owen, H. (1997). *Open space technology: A user's guide.* San Francisco: Berrett-Koehler Publishers.

Papstein von, P. (2000). Der Wahnsinn zeigt sich im Detail: Große Konzerne und ihre Entscheidungsstrukturen. In M. Lohmer (Hrsg.), *Psychodynamische Organisationsberatung: Konflikte und Potenziale in Veränderungsprozessen* (S. 256-272). Stuttgart: Klett-Cotta.

Pedler, M. (Hrsg.). (1983). *Action learning in practice.* Aldershot: Gower Publishing.

Pedler, M. (1983). Another look at set advising. In M. Pedler (Hrsg.), *Action learning in practice* (S. 227-237). Aldershot: Gower Publishing.

Pedler, M., (1983). Introduction. In M. Pedler (Hrsg.), *Action learning in practice* (S. 1-6). Aldershot: Gower Publishing.

Pedler, M., (1983). On the difference between P and Q. In M. Pedler (Hrsg.), *Action learning in practice* (S. 55-61). Aldershot: Gower Publishing.

Pedler, M., (1999). Eine Begegnung mit Reginald Revans. In O. Donnenberg (Hrsg.), *Action Learning: Ein Handbuch* (S. 16-27). Stuttgart: Klett-Cotta.

Pedler, M., Burgoyne, J. & Brook, Ch. (2005). What has action learning learned to become? *Action Learning: Research and Practice, 2, 1,* 49-68.

Pieler, D. (2004). Kompetenz in der "Turboevolution". In L. von Rosenstiel, D. Pieler & P. Glas (Hrsg.), *Strategisches Kompetenzmanagement. Von der Strategie zur Kompetenzentwicklung in der Praxis* (S. 86-93). Wiesbaden: Gabler.

Pierer H. v. & Oetinger B. v. (1997). *Wie kommt das Neue in die Welt?* München: Hanser.

Raelin, J. (1999). Preface: Plan for the Issue. *Management Learning: The journal for managerial and organizational learning, 30, 2,* 115-125.

Raelin, J. A. (2000). *Work-based learning: The new frontier of management development.* London: Prentice Hall.

Raelin, J. A. & Raelin, J. D. (2006). Developmental action learning: toward collaborative change. *Action Learning: Research and Practice, 3, 1,* 45-67.

Reddin. B. (1988). *The output oriented organization.* Aldershot: Gower Publishing.

Revans, R. (1983). Action learning: its origins and nature. In M. Pedler (Hrsg.), *Action learning in practice* (S. 9-21). Aldershot: Gower Publishing.

Revans, R. (1998). *ABC of action learning: Empowering managers to act und to learn from action.* London: Lemos & Crane.

Revans, R. (1999). Action Learning: Wesen und Voraussetzung. In O. Donnenberg (Hrsg.), *Action Learning: Ein Handbuch* (S. 28-43). Stuttgart: Klett-Cotta.

Rigg, C. & Trehan, K. (2004). Reflections on working with critical action learning. *Action Learning: Research and Practice, 1, 2,* 149-165.

Rosenstiel, L. v. (2003). *Grundlagen der Organisationspsychologie.* Stuttgart: Schäffer-Poeschel.

Rosenstiel, L. von (2004). Rollen in Organisationen aus psychologischer Sicht. In L. von Rosenstiel, D. Pieler & P. Glas (Hrsg.), *Strategisches Kompetenzmanagement. Von der Strategie zur Kompetenzentwicklung in der Praxis* (S. 94-113). Wiesbaden: Gabler.

Rosenstiel, L. von (2004). "Change" im Unternehmen – am Beispiel der Führung auf Distanz. In L. von Rosenstiel, D. Pieler & P. Glas (Hrsg.), *Strategisches Kompetenzmanagement. Von der Strategie zur Kompetenzentwicklung in der Praxis* (S. 169-192). Wiesbaden: Gabler.

Rothwell, W. J. (1999). *The action learning guidebook, A real-time strategy for problem solving, training design, and employee development.* San Francisco: Josey-Bass Pfeiffer.

Sanne, C. (2004). Kompetenzmanagement mit dem Siemens Kompetenzmodell. In L. von Rosenstiel, D. Pieler & P. Glas (Hrsg.), *Strategisches Kompetenzmanagement. Von der Strategie zur Kompetenzentwicklung in der Praxis* (S. 159-167). Wiesbaden: Gabler.

Savage, C. M. (1997). *Fifth Generation Management: Kreatives Kooperieren durch virtuelles Unternehmertum, dynamische Teambildung und Vernetzung von Wissen.* Zürich: vdf Hochschulverlag.

Savage, C. M. (1999, 24. April). Das Rädchen als treibende Kraft! Charles Savage und Elisabeth Sundrum über das Management der
fünften Generation und die Bedeutung jedes einzelnen Mitarbeiters. *Süddeutsche Zeitung*, S.V1/1.

Schaffer, R. H. (1988). *The breakthrough strategy: Using short-term successes to build the high performance organization.* New York: Harper Business.

Schaffer, R. H. (1997). *High impact consulting: How clients and consultants can leverage rapid results into long-term gains.* San Francisco: Jossey-Bass Inc.

Schaffer, R. H. & Thomson, H. A. (1992). Leistungsprogramme: Wirksam wie ein Regentanz ums Lagerfeuer? In *Harvard Manager*, *14, 3*, 78-87.

Scott-Morgan, P. (1995). *Die heimlichen Spielregeln: Die Macht der ungeschriebenen Gesetze im Unternehmen.* Frankfurt: Campus.

Schwartz, J. & Wald, M.L. (2003, 9. März). Smart people working collectively can be dumber than the sum of their brains: 'Groupthink' is 30 years old and still going strong. *The New York Times* (Online edition).

Seibert, K.W. (1999). Reflection-in-action: Tools for cultivating on-the-job learning conditions. In *Organizational Dynamics*, *27, 3*, 19-32.

Senge, P.M. (1996). *Die fünfte Disziplin: Kunst und Praxis der lernenden Organisation* (2. Auflage). Stuttgart: Klett-Cotta.

Stiefel, R.T. (1999). Strategieumsetzende Personalentwicklung und Action Learning. In O. Donnenberg (Hrsg.), *Action Learning: Ein Handbuch* (S. 88-105). Stuttgart: Klett-Cotta.

Teare, R., Davies, D. & Sandelands, E. (1998). *The virtual university: An action paradigm and process for workplace learning.* London/New York: Cassell.

Tippelt, R. (1979). *Projektstudium: Exemplarisches und handlungsorientiertes Lernen an der Hochschule.* München: Kösel.

Watkins, K. E. & Marsick, V. J. (1993). *Sculpting the learning organization: Lessons in the art and science of systemic change.* San Francisco: Jossey-Bass Inc.

Weinstein, K. (1995). *Action learning: A journey in discovery and development.* London: Harper Collins Publishers.